U0160787

THINKr

新思

新 一 代 人 的 思 想

原来如此！

奇特的病毒

徐明达——著

中信出版集团 | 北京

图书在版编目（CIP）数据

原来如此！奇特的病毒 / 徐明达著. -- 北京：中
信出版社，2021.2

ISBN 978-7-5217-2409-7

Ⅰ.①原… Ⅱ.①徐… Ⅲ.①病毒—普及读物 Ⅳ.
①Q939.4-49

中国版本图书馆CIP数据核字(2020)第214453号

本书中文简体版由天下杂志股份有限公司正式授权中信出版集团股份有限公司
在中国大陆地区独家出版发行

原来如此！奇特的病毒

著　　者：徐明达
出版发行：中信出版集团股份有限公司
　　　　　（北京市朝阳区惠新东街甲4号富盛大厦2座　邮编　100029）
承　印　者：北京盛通印刷股份有限公司

开　　本：787mm×1092mm　1/32　　印　　张：8.75　　字　　数：133千字
版　　次：2021年2月第1版　　　　　　印　　次：2021年2月第1次印刷
书　　号：ISBN 978-7-5217-2409-7
定　　价：56.00元

纪念我的父母亲

目录

第三篇 · **预防、治疗与化敌为友**

知己知彼，是制胜的关键

2003 年时，我出版了《病毒的故事》。那一年，我们经历了 SARS（严重急性呼吸综合征）风暴，我用《病毒的故事》让一般人了解病毒这个小东西。17 年后，没想到新型冠状病毒大流行，相较之下，当年的 SARS 真是小巫见大巫，我深觉有必要再次跟大家介绍：病毒是什么？为什么会发生大流行？

一般大众对病毒并不陌生，台湾地区近年来发生的流感、肠道病毒感染、登革热、乙型及丙型肝炎等，都是常常在媒体上看到或听到的名词。但病毒长什么样子？如何感染我们？为什么这么微小的东西，会让人类这种高等生物生病，甚至死亡？这些问题的答案，恐怕知道的人不多。其实，病毒有非常多种，小至能感染细菌，大至能感染鲸，有的病毒甚至已经"移民"到我们体内，和我们共存并帮助我们演化。这本书的目的是介绍各式各样的病毒，让大家正确了解病毒的各种面貌。《孙子兵法》说"知彼知己，百战不殆"，在了解病毒之后，当敌人再度出现，我们就不会恐慌，可以沉着应对。

2020年新版的这本书，除了增订2003年出版的《病毒的故事》及2005年出版的《禽流感大作战》中的内容，我也新增了肠道病毒、登革热、艾滋病、埃博拉病毒等内容，让这本书对病毒的描述更加完整。另外，我也新增了关于引发全球疫情的新型冠状病毒的内容，撰写匆忙，如有不周还请见谅。

自从有人类开始，我们与病毒的战争就未曾间断。我们一方面必须了解，感染病毒、病毒与生物的平衡互动是一种自然现象，以前如此，现在如此，将来也会如此。另一方面，我们也应该吸取历史教训，对已发生的流行病做翔实的评估，以便尽早为未来的紧急情况准备好应变的措施，将生命财产的损失降到最低。

为了让大家更了解病毒，我多用比喻，用比较通俗的方式，介绍这个人类可敬可畏的敌人，有一些病毒甚至已经变成我们的伙伴了。我在书中尽量避免使用太多专业名词或专业的表达方式。当然，有些基本名词如

DNA（脱氧核糖核酸）等是无法避免的。采用这种写作方法的缺点，就是牺牲了比较严谨的叙述。另外，为了使内容平易近人，有的叙述比较简化，而有的则是我的个人之见，还请病毒学专家谅解。若有不正确之处，也请不吝指教。

我也在书中穿插了不少典故。有些是我从事病毒研究多年的积累，有些则是为了写作这本书而另外寻找的事例数据。有些久远的典故，例如发生在数千年前的事，读者大概只能以故事看待，细节实在无法确定。有些典故则可能存有争议或有不同看法，因为篇幅所限且顾及这本书的目的，就不多加叙述了。另外，本书的参考资料相当多，也有很多专业的书籍及文献，经过一番挣扎，我选择不列参考书目。这样做的主要考虑是，这本书的目的是介绍有关病毒的常识给大家，并非学术著作。不过，如有任何问题，或需要进一步了解资料的读者，都可以直接与我联络。

这次新型冠状病毒的感染疫情惨重。希望本书能为读者提供一些关于病毒和相关疾病的基本认识，帮助我们打赢与病毒的"战疫"。

第一篇

病毒是什么？

第 1 章

发现病毒

　　1892 年，年轻的俄国植物学家德米特里·伊万诺夫斯基（Dmitri Ivanovsky）埋首研究烟草花叶病（tobacco mosaic disease）时，第一次发现了病毒。当时的人们认为细菌是引起传染病的病源。伊万诺夫斯基想找出烟草花叶病的病原菌，利用德国科学家阿道夫·迈尔（Adolf Mayer）发现"得病烟草萃取物可以感染健康无病烟草"的方法，寻找烟草萃取物里的病菌。得病烟草的萃取液通过了能过滤细菌的装置，这时，伊万诺夫斯基意外发现滤液竟然仍可感染正常的烟草。

　　这个意外的发现在当时并没有引起注意。六年后，不知情的荷兰科学家马丁努斯·贝杰林克（Martinus Beijerinck）重复伊万诺夫斯基的实验。贝杰林克观察到相同的现象，但也发现这种有感染性的滤液不能像细菌一样在试管中培养，因此滤液中的并不是较小的细菌，而且他在显微镜底下也看不到滤液中有细菌。更重要的是，他证明了这种会致病的液体并非只是有毒的化合物，而是可以在植物体内繁殖的生物体。为了与细菌有所区别，他称这种病原为"会传染的液体"，并大胆提出存在一种新病原体——病毒（virus，拉丁文本义是毒素）——的假说。他甚至认为，这种新病原是在植物细胞内繁殖的。当时人们只知道传染病是细菌引起的，连伊万诺夫斯基都认为他发现的病原只是种很小的细菌。因此，贝杰林克对病原的想法开创了人类了解传染病的新纪元。

在马丁努斯·贝杰林克的发现后不久，德国科学家弗里德里希·勒夫勒（Friedrich Loeffler）及弗罗施（P. Frosch）也从口蹄疫牛活检样本的萃取液中发现可通过滤器的病原体。1900 年，美国军医瓦尔特·里德（Walter Reed）少校和詹姆斯·卡罗尔（James Carroll）经由人体实验证明，黄热病是由一种以蚊子为媒介的滤过性病毒引起的传染病。这个发现让美国得以应对在中南美洲肆虐的黄热病，从法国手中接收巴拿马运河的开凿权。1908 年，奥地利的卡尔·兰德施泰纳（Karl Landsteiner）及法国的康斯坦丁·莱瓦迪蒂（Constantin Levaditi）也证实，脊髓灰质炎是由滤过性病毒引起的，几年后他们甚至从细菌的萃取液中发现了可通过滤器感染并杀死细菌的物质。

病毒的成分

至此，我们已经知道有一种有别于细菌的微小的新感染病原，然而这个微小到显微镜也看不到的病原是什么？1932年，威廉·埃尔福德（William Elford）用滤孔大小不同的滤器分析这种病原的大小，发现其直径大约只有几十纳米，显然比细菌小很多。科学家温德尔·梅雷迪思·斯坦利（因研究病毒结晶获1946年诺贝尔化学奖）认为病毒是一种蛋白质，而蛋白质可经由结晶来纯化，因此，在1935年，他用感染烟草的滤过性病毒做蛋白结晶，成功地结晶出感染烟草的滤过性病毒。

这个惊人的结果证明，病毒是一种相当有对称性、可以结晶的化学物质。但是，能结晶也不能证明它是蛋白质。当时，恩斯特·鲁斯卡发明了电子显微镜（因此获得1986年诺贝尔物理学奖），他立刻应用这个可以看到极微小物质的新仪器，观察可以结晶的病毒构造。结果发现，会感染烟草的病毒，是一种长长的、有规则的物质。后来，其他的病毒陆续被发现，且各自具有独特、有规则的构造。当人们终于亲眼看见病毒的颗粒时，所有对于新病原体的疑虑完全消失了。但这些看起来漂亮、有规则的病毒分子，成分是什么？

为什么这么小的物质可以让感染它的生物生病甚至死亡？

20 世纪 40 年代，有一些生化学家，包括因此得到 1959 年诺贝尔生理学或医学奖的阿瑟·科恩伯格，开始分析病毒的化学成分及生化合成的过程。

1936 年，英国科学家弗雷德里克·鲍登（Frederick Bawden）及比尔·皮里（Bill Pirie）发现病毒的蛋白外壳还藏有核酸。可惜的是，这项重要发现却被另一位科学家斯坦利的名气掩盖，而与诺贝尔奖失之交臂。当时人们对于核酸的生物功能仍不太清楚。

1944 年，洛克菲勒大学的奥斯瓦尔德·埃弗里（Oswald T. Avery）、麦克林恩·麦卡蒂（Maclyn McCarty）及科林·麦克劳德（Colin M. Macleod）首先证实 DNA 是细菌的遗传物质。受到这个划时代实验的启发，长岛冷泉港实验室的研究员玛莎·蔡斯（Martha Chase）及阿尔弗雷德·赫尔希（Alfred Hershey）在 1952 年设计了一个有名的实验，证明病毒的遗传物质是 DNA 而非蛋白质。这项实验奠定了我们对病毒的了解：一、病毒是由会遗传的核酸包在蛋白质外壳内的高分子聚合物；二、病毒只是简单的分子聚合物，无法单独在试管内生长；三、病毒能在细胞内复制及重复感染细胞，是因为它们有遗传物质；四、病毒会杀死感染的细胞，是因为它抢了细胞的资源及工具大量复制自己。这些经科学家半世纪努力得出的知识结晶，现在已渐渐变成众所周知的常识。

无所不在的病毒

最近，有一个从古代文学中找到病毒的有趣故事。英国科学家及日本九州大学的学者，根据公元 752 年的日本古典文学《万叶集》第十九卷中，孝谦天皇夏天访问大臣藤原的住家时描述花园里黄色叶子的一句短歌"夏野草色已转黄"，推断出夏天叶子变黄一定是感染了病毒，再从诗歌中的日本植物泽兰（一种菊科植物），找到了会使泽兰叶子变黄、由昆虫传播的双生病毒。

病毒大概是地球上数量最多的生物体。人类的粪便中有一千多种病毒，每克的粪便中有上万颗病毒，大部分是感染细菌的噬菌体。一克的土壤里有上亿个噬菌体，而一立方厘米的海水中也有几万到几千万个噬菌体。甚至在北极的冰湖、含盐量极高的死海以及高温的温泉，都有大量病毒存在，连4 000米深的海底沉积物中，每立方厘米都有约十亿颗病毒。有人推算，地球上单是噬菌体就有大约一亿种，而我们只知道其中很小一部分。也有人估计，世界上的病毒总数有10^{31}个之多，若换算成重量，约有十几亿吨。大部分病毒是靠吃细菌生存的噬菌体，这些噬菌体每天大约分解地球十分之一的细菌，使细菌内的物质循环回自然界，它们对地球生态链的平衡与有机物质的循环，起着非常重要的作用。

大部分病毒，尤其是噬菌体，在自然环境中可存活一段时间，有的甚至长达几年，因此很多病毒是被早期的科学家从污水或粪便中找到的。例如，第一个发现噬菌体的费利克斯·德赫雷尔（Félix d'Hérelle），就是因为研究痢疾流行病，所以在病人粪便中找到了噬菌体。还有人利用噬菌体的稳定性，窃取噬菌体做研究。据说，从前某大学有位很有名的遗传学学者，他拥有很特殊的噬菌体，却不肯分给别人做研究。有个聪明的学者想出一个点子，他写信给遗传学教授，向他要这种噬菌体。不出所料，遗传学教授果然回信拒绝。此人得信大喜，赶快把信浸泡在含有细菌的培养液中，就这样得到了噬菌体。噬菌体很稳定，遗传学教授的实验室因为大量培养这种噬菌体，使得到处都是这种噬菌体，遗传学教授的手上、笔上及信纸上，当然也都沾满了噬菌体。回信上沾有噬菌体，让信和细菌接触，只要信上有几颗噬菌体，它们便可通过在细菌体内繁殖，长出大量噬菌体。多年后，那位遗传学教授的实验室重新整修，有人还在天花板上找到那种噬菌体！

各种生物，从细菌到人类，都有能感染他们的病毒，甚至还有能感染病毒的微生物。2003年3月，法国科学家在冷水塔的变形虫细胞中发现已知的最大病毒（被命名为Mimivirus，拟菌病毒，意思是像细菌的病毒，可能会引起人类肺炎），它的直径大约为400纳米，是最小病毒的20倍，几乎有小的细菌那么大，有900多个基因。另外一种巨大的病毒叫作巨大病毒（Megavirus），它有125.9万个碱基长的DNA，含有1 120个基因，它是在海水里被发现的，能感染变形虫。还有一种病毒叫作潘多拉病毒（Pandoravirus），居然有 247 万个碱基，2 541 个基因。已知最小的病毒大概是感染植物的矮缩病毒（Nanovirus，是许多类似病毒的总称，直径只有十几纳米，见图 1-1）。还有在北极的冰中找到的病毒，最佳生长温度竟然是零下 14 摄氏度。

　　有的病毒有很美丽的名字，例如会形成郁金香美丽花色的伦勃朗郁金香碎色病毒（Rembrandt virus）及虹彩病毒（Irido virus，被感染的昆虫会因病毒结晶排列的光学原理产生美丽的光彩，该病毒因此得名）。有的病毒

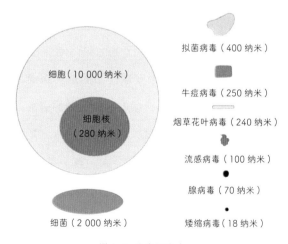

细胞（10 000 纳米）

细胞核
（280 纳米）

细菌（2 000 纳米）

拟菌病毒（400 纳米）

牛痘病毒（250 纳米）

烟草花叶病毒（240 纳米）

流感病毒（100 纳米）

腺病毒（70 纳米）

矮缩病毒（18 纳米）

甚至形成伙伴（covirus），一起工作。有病毒干脆同居，把各自的核酸放在同一个壳子里同进退，双生病毒就是因为有两种不同核酸而得名的。有的矮缩病毒有十种不同的核酸。流感病毒则有七或八个核酸分子住在同一个病毒里。有些病毒很懒惰，专找别人替它做外壳。有的病毒还会替宿主照顾及保护后代，例如寄生蜂的病毒，甚至变成宿主的一部分，替宿主卖命工作。还有只会感染"男性"或"女性"细菌的噬菌体。人类因为本身的利害关系，对与人及农牧业有关的病毒了解比较多，但世界上还有很多奇奇怪怪的未知病毒，等待大家去探索。

病毒的形状五花八门（图1-2），包有脂膜的病毒外观看起来比较不规则，但有脂膜的病毒内部还有一层蛋白质做的壳，这层壳的构造排列得很整齐。有些病毒的外壳排列非常符合几何原理，尤其是柏拉图所说的宇宙五种基本多面体之一的二十面体（icosahedron），很多是二十面体的变体，即阿基米德多面体（图1-3）。病毒的蛋白质外壳是由一种或多种蛋白质分子组成，经过复杂

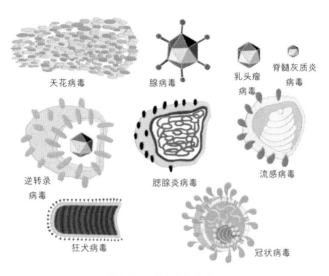

天花病毒

腺病毒

乳头瘤
病毒

脊髓灰质炎
病毒

逆转录
病毒

腮腺炎病毒

流感病毒

狂犬病毒

冠状病毒

图 1-2　五花八门的病毒

图 1-3　有些病毒外壳排列符合几何原理

的过程叠架起来的。蛋白分子之间相互勾连，像极了古代武士的铠甲。病毒的表面有用来黏附在细胞表面上的特殊蛋白，有些病毒还有可以感染细胞的蛋白工具。有时候病毒会带有进入细胞后马上要用的特殊蛋白质。漂亮的外壳里面，是病毒的遗传物质核酸，核酸上面也有一层蛋白质保护。

　　病毒是非常奇妙的分子机器。以普通人比较了解的噬菌体为例，噬菌体的构造很像登陆火星的宇宙飞船（图1-4），它有一个多面体的头、会拉动核酸的马达、

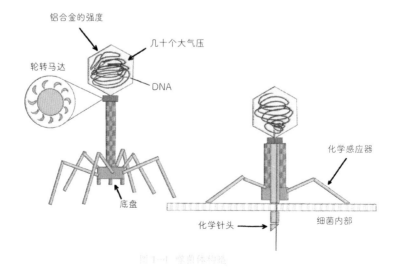

图1-4　噬菌体构造

能伸缩的颈子以及带有针头和化学武器的底盘，还有用来着陆的六条腿。噬菌体的遗传物质藏在多面体的头部，它如何把很长、带有负电、硬邦邦的核酸卷在微小的空间里，至今仍是个谜。例如，Phi29病毒需要把6.6微米长的DNA挤进0.042微米宽、0.054微米长的蛋白壳，要把这么大的核酸塞进这么小的壳子，需要很大的力气，相当于几十个大气压。这告诉我们，蛋白外壳必须能抵抗上述的压力，而蛋白壳的张力强度大概是一千大气压，相当于现代的铝合金的强度。而且把核酸塞进去后，噬菌体还需要以很强韧的蛋白质做成的塞子，将它盖起来。

要把核酸塞进病毒的头部，需要高效率的机器。我们知道的噬菌体构造很像喷射机涡轮（图1-5），它有12或13个叶片，涡轮的直径刚好可容纳DNA分子的宽度，架在病毒头部的五角形进口处，当马达用细胞内称为ATP（腺苷三磷酸）的高能量分子做燃料启动时，涡轮就会把DNA转入狭小的病毒头部。这个奇妙的分子机器如何运作，我们至今仍然不清楚。比如说，涡轮为什么只朝一个方向转？它如何拉动DNA？它如何启动、停止？它如何接在病毒头部的五角形入口，而不会转动病

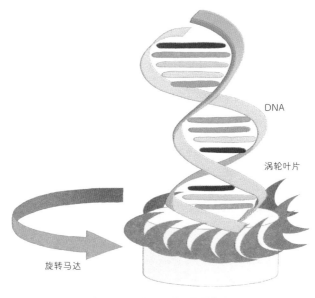

DNA

涡轮叶片

旋转马达

毒头部？……这些问题都是纳米科技时代待研究的课题。

和噬菌体病毒头部连接的是个长筒形颈子，这个颈子是由一种蛋白质像铁链般勾连在一起而形成的，长度则由一个蛋白分子的长度决定，若用基因科技缩小这个蛋白分子的大小，病毒颈部的长度也会跟着变短。颈子里还藏着一个蛋白针头，噬菌体"降落"在细菌表面时，着陆的脚会改变形状。噬菌体的脚是个化学传感器，会把"着陆"的信号传至底盘，底盘就开始改变形状，从原来的正六边形转变成六角星形，促使颈子中勾连在一起的蛋白质产生连锁性变形，造成颈部缩短及变粗，颈部的收缩则造成内部的蛋白针头从颈子伸出来，插进细菌表面。这个蛋白针头带有会溶解细菌外壳的催化剂（酶），病毒利用它在细菌上打洞，而且还会在细菌表面上移动，寻找最好的打洞地点。洞打好后，病毒头部的核酸就可顺着颈部通道，进入细菌。

这些美丽的病毒颗粒，藏着不为人知的秘密。噬菌体的颈部有一个蛋白做的塞子，打开这个塞子后，噬菌体头部的 DNA 就会开始注入细菌。在我们的想象中，这个"压力锅"的盖子一打开，被几十个大气压压住的 DNA 一定会像开香槟一样冲出来。但事实并非如此，病毒会小心地控制这个步骤。有一种名为 T7 的狡猾的噬菌体，就在这个步骤中把狡猾发挥得淋漓尽致。它先射进十分之一的 DNA，因为细菌有防御系统，会辨认新来的 DNA 和细菌的 DNA 是否有同样的记号，没有同样记号的外来 DNA 会被剪切掉。T7 为了防止 DNA 被剪切掉，只先送入一小部分 DNA，这部分的 DNA 没有做记号。最奇妙的是，这支先头部队不但不会被细菌的防御系统认出来，还会做出一个蛋白，解决细菌的防御系统。更有趣的是，先头部队做出的蛋白会模拟 DNA 的形状，跟细菌剪切 DNA 的酶结合，让细菌的酶无法剪切噬菌体的 DNA。细菌的防御系统瓦解后，T7 再利用先头部队的生化反应（DNA 转录时产生的螺旋运动），把其他 DNA（噬菌体大军）拉进细菌里。我想如果军事家孙子知道这种事，一定也会赞叹不已。

病毒的复制策略

　　病毒颗粒是由核酸与几种蛋白质组成的，因此不管是多复杂的病毒，它们的繁殖策略都是大量制造病毒颗粒的核酸及蛋白，并组装这些成分变成许多病毒颗粒，以便再感染其他细胞。从病毒开始入侵细胞，到做出更多病毒颗粒的过程中，不同病毒各显神通。越复杂、基因越多的病毒，繁殖过程越复杂，一般可分为四阶段。

　　病毒繁殖的第一个阶段是"侵入期"，它们必须找到目标，想办法跑进细胞里。在这个阶段，病毒表面有一种蛋白会像钥匙一样，正确找到细胞的门锁，打开进入细胞的门（图1-6）。病毒如何打开进入细胞的门，我们现在还不太清楚，但这是关键的步骤。每种细胞的门锁都不太一样，病毒的钥匙只能打开某些细胞的门，因此当变种病毒的钥匙改变形状时，病毒会改变感染对象，造成不同的病情。

图1-6 病毒在侵入期用钥匙开启进入细胞的门

例如，以前我们认为人类冠状病毒只会感染上呼吸道与消化道细胞，但2003年的SARS冠状病毒显然改变了钥匙形状，变成会感染下呼吸道细胞的病毒，造成了严重的肺炎。另外，造成脊髓灰质炎的病毒会感染神经细胞，伤害神经系统，而脊髓灰质炎口服疫苗所含的活病毒则会感染肠道细胞，不会感染神经细胞，也不会伤害人类。最近科学家发现，有些人因为基因突变而没有艾滋病病毒进入细胞的门锁，受到艾滋病病毒伤害的概率因此大幅降低。病毒钥匙开启相应的细胞门锁的观念，在生物科技领域大有用途。比如，设计可开启有基因缺陷细胞的钥匙，把基因送进这些细胞做基因治疗，或送有毒物质进去杀死不正常的癌细胞。

　　有时候，病毒需要一些特殊技巧找到目标。比如，艾滋病病毒要穿过人类身体表面的黏膜感染血液细胞，这并不是件容易的事，它巧妙运用搭便车的策略，先黏附在黏膜的树突状细胞上，这种树突状细胞会在血液及黏膜之间往返，艾滋病病毒就靠这种方式进入血液，进行传染。另外，有许多植物病毒是利用搭飞机（会飞的昆虫）的方式，寻找下一个目标的，有的病毒甚至让抓它的抗体帮忙寻找它要入侵的细胞（就像强盗要警察带路，还帮他开门），有些病毒会帮助别的病毒制作进入细胞的管道，五花八门，无奇不有。

病毒顺利进入细胞后，要把保护自己的遗传物质的外壳脱掉，才能露出内部的核酸，以便表现病毒的基因。但这并不表示病毒只剩下光秃秃的核酸。事实上，在感染初期的基因调控方面，病毒里的蛋白扮演了相当重要的角色，有的病毒甚至会把有酶功能的外壳蛋白带进细胞，以便它启动细胞内的机器。但我们对这些重要过程的了解实在有限，需要更多研究。另外，在细胞核内繁殖的病毒，需要细胞内的特殊运输系统把它送进细胞核，我们对这些步骤所知也非常有限。至于其他病毒进入细胞后是否跑到细胞的特定地方，也是值得探讨的谜。

病毒感染细胞的第二个阶段是"准备期"。病毒的基因有限，需要倚赖细胞里的机器及工厂帮它繁殖。因此在这个阶段，病毒的策略是把复制病毒颗粒的核酸及蛋白所需的工具、材料及环境准备好（图1-7）。

病毒先用自己带进细胞的蛋白，或进入细胞后立即制造的病毒蛋白，抑制抵抗自己的细胞功能，若细胞的制造机器及工厂还在休息，病毒就会想办法立刻将它启动，并改变细胞制造核酸及蛋白的程序：制造更多病毒

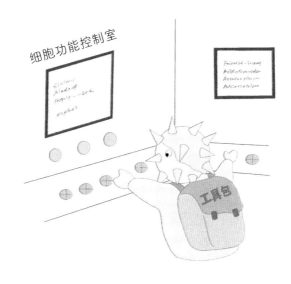

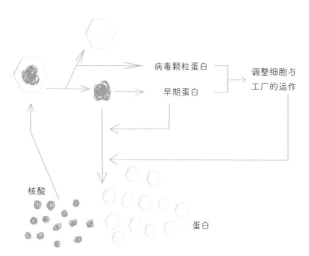

需要的酶及原料，停止生产细胞需要但病毒不需要的酶及原料，以免细胞和它竞争资源。细胞生产工厂的制造和管理模式也会被调整。

病毒用这些调整过的细胞机器，做出第二阶段所需的病毒蛋白，如此一来，本来用来制造细胞的机器及工厂，却被入侵的病毒抢去做更多的病毒。越是复杂的病毒，在这个阶段的工作内容就越繁杂，甚至细分成几个次阶段完成，原来感染细胞的病毒也脱掉了壳，因此我们看不到病毒，微生物学家称这段时间为隐蔽期。

病毒很了解细胞里各种机器的运作及调节，人类也利用被驯服的病毒来了解细胞里的机器如何运作。千万别小看这些病毒专家的贡献，我们现在对细胞运作的了解，有很多是靠病毒得知的，还有不少科学家因为病毒的"教导"得到诺贝尔奖。辛苦认真替人类工作的病毒，不但没有从瑞典国王手中拿到奖牌及奖金的荣耀，还被人们视为罪大恶极的坏蛋，实在不太公平。我写这本书的一个目的就是替它们"伸张正义"。

病毒在准备期的一个重要工作，就是想办法逃避或解除细胞的攻击。细胞发现病毒入侵时，会启动一群对抗病毒的基因，例如产生大家常常听说的干扰素，一方面抑制病毒复制，一方面发警报给身体的警察单位免疫系统，要免疫系统紧急处理入侵的病毒。有些狡猾的病毒进化出各种对抗细胞攻击的策略：有些病毒会把原本对它们不利的动作反转成帮助它们感染及复制的工具；有些病毒会模仿并传送细胞解除警报的信号，欺骗免疫系统；有些比较复杂的病毒（例如引起天花的病毒）甚至会"招降"细胞基因，放在自己的基因组中，再利用这些叛变的细胞基因对抗细胞；有些病毒怕被感染的细胞自杀（这是为了避免病毒繁殖，产生更多的病毒感染身体其他细胞，真可以放入"细胞忠烈祠"），还进化出防止细胞自杀的策略，可说是"道高一尺，魔高一丈"。

动物有固有免疫及适应性免疫两种系统，前者对付所有入侵的微生物，是所有细胞都有的自卫系统，后者则会针对特定的微生物，我们熟悉的抗体就属于适应性免疫。植物或比较低等的生物只有第一种防御系统，所以细胞内的抵抗系统就变得特别重要。植物因此演化出一套对付病毒的特殊方法，有些生物技术公司甚至想用这些抗病毒的方法赚钱，说不定发现这个特殊防御系统的科学家不久后就能获得诺贝尔奖。然而，狡猾的病毒还是可以进化出对付细胞的抵抗的策略，策动细胞基因的叛变就是其中之一。

准备期是病毒感染过程中决定性的一刻。病毒必须在此阶段做出重要的决定，如果顺利，就会开始进行下一阶段的工作。如果细胞内外的环境对病毒不利，例如细胞的抵抗力太强、病毒无法使用或启动一些细胞机器，或细胞工厂管理程序无法改变时，病毒就得放弃感染这个细胞，或想办法暂时与细胞共存。狡猾的病毒会选择几种方式和细胞共存：一、静悄悄地隐居，伺机再出来；二、慢慢来，等待好时机东山再起；三、干脆归化，将核酸与细胞染色体结合，成为细胞的一部分。这些感染方式对人的影响，本书将在后面详细说明。

在第二阶段的准备工作完成后，病毒感染进入第三阶段"复制期"。也就是用已经启动并调整好的细胞机器，大量复制病毒颗粒所需的核酸及蛋白质。这是高速度、高效率的过程，病毒必须在短时间内制造大量产物——这也是病毒需要准备期的原因。细胞的机器及工厂正常运作时是很节制并且有条理的，并不是这种疯狂制造大量物质的模式，所以病毒必须先在准备期调整细胞，才能在这个阶段发挥功能。在这个阶段，病毒通常会制造过量的核酸及蛋白质，进行基因交换。大量的病毒复制也可能造成细胞死亡。

病毒的组装工程

　　病毒的核酸及蛋白大量累积时，外壳蛋白会开始自行组装。组装的过程像盖房子一样，有一定的步骤和程序，相当复杂，有时组成的粗胚还需要修饰才能完成。这个漂亮的外壳还要想办法把病毒的核酸好好包起来，以免遗传物质受外界伤害。目前我们知道，病毒核酸上有记号，让外壳的粗胚能像收绳子那样将它拉近外壳上的小洞。外壳也有一个拉核酸的机器，但究竟是如何将核酸拉进去的，拉进去以后如何将很长的核酸卷起来，塞在体积非常小的壳子里，人们现在仍不清楚。许多病毒外壳都有 12 个对称的角，因此有人认为，病毒的核酸也是被包成十二等分的分量，塞在各个角落里的。

这个复杂的病毒颗粒组装过程，像极了建设工程。一项建设工程必须有很好的设计蓝图，让工程师及工人按部就班组装完成。但病毒组装工程的蓝图藏在哪里呢？有人猜测，病毒的所有信息应该都在基因里，因此蓝图一定是在病毒的基因密码中。但出人意料的是，病毒的整体基因序列中找不到组装病毒颗粒的指令及蓝图。

　　现代的研究认为，病毒可能是以自行组合的原理组装的，因为我们可以在试管内组装一些比较简单的病毒。自行组合是自然界中常见的现象：盐或糖的规则结晶，就是氯化钠或糖分子自行组合而成的构造；一群鸟或鱼的动作相当一致，好像有人在指挥，也是这种原理。病毒的组装原理，跟一些自然现象（太阳系星球的排列、DNA 构造、菠萝表面的纹路、向日葵花蕊的排列以及人体的构造等）与知名的建筑（金字塔、伊势神宫、雅典神殿等）一样，都是基于黄金分割的。黄金分割比值是宇宙的神秘数字，可由斐波那契数列导出。有趣的是，这个数列第 12 个数 89 的倒数的小数点后 6 位，刚好是斐波那契数列前 6 位的排序，12 这个数字又是二十面体的病毒外壳的顶点数目；12 等于 5 加 7，是钢琴黑键与白键的组合，5 与黄金分割息息相关，也与病毒外壳蛋白的组合方式有关。

　　除了自然组合，病毒的组装还需要一些我们尚不清楚的生化反应帮助，这个复杂的病毒分子机器的组装过程，是纳米科技非常珍贵的研究题材，人类下一轮科技革命的梦想，就是做出会复制自己的精巧分子机器，这一点，可敬的病毒有许多值得人类学习之处。

　　病毒感染的第四个阶段，是从被感染的细胞跑出来，感染其他细胞。在这个阶段，不同的病毒有不同的技巧。一般而言，病毒会制造一些特别的产物帮助传播。有些植物病毒会用一个"转运"基因做出的蛋白，把病毒从细胞壁的特殊小洞送出来，让病毒或病毒的RNA（核糖核酸）散播到植物各处。有些病毒的策略是引发动物细胞与细胞的融合，以便直接进入相邻的细胞，不需要从被感染的细胞出去开另一个细胞的门，艾滋病病毒及疱疹病毒都是以这样的方式传染的。有的病毒则在细胞间打通道，进入隔壁的细胞，例如麻疹病毒。了解病毒的传播方式，有助于人们找出有效抑制病毒传播的方法，对于治疗病毒传染病非常有用。

病毒从哪里来？

　　到目前为止，"病毒从哪里来"的问题还找不到答案，但有几种猜想。第一种猜想认为病毒是生物演化的初期产物。病毒的构造非常简单，其他复杂的生物都是从它演化出来的。那它自己是怎么来的呢？我们现在知道，有一种比病毒还简单的生物体，是靠病毒吃饭、被称为拟病毒（virusoid）的植物病原体。这种非常简单的个体可能是病毒的前身，它像寄居蟹一样，因为没有保护自己的蛋白外壳，就占用病毒做好的外壳散播。

　　第二种猜想认为，病毒是一种极度萎缩的寄生细胞。这个猜想是根据细胞内线粒体的起源推演而出的。线粒体是真核细胞的能源厂，原本是一种细菌，但在演化过程中变成寄生在真核细胞中的生物体，经过长期的寄生，渐渐丢弃了在宿主里不需要的构造及功能，形成一个萎缩的个体。从这个例子我们可以想象，寄生的个体继续萎缩，最后便是非常简单但可倚赖宿主复制的个体——病毒。

　　第三种猜想则认为，病毒是从细胞基因组独立出来能复制的基因片段。这个想法有证据支持。比如有人发现，有些细胞在特殊的状况下，会产生许多从细胞基因组分离出来的圆形小段 DNA。这些独立的小 DNA 分子有些甚至可以复制后再整合到细胞基因组中。这些分子很可能演化成病毒，像艾滋病病毒这类逆转录病毒的核酸，就和人类细胞的一些基因序列有演化上的关系。所以，这类病毒很可能是从人类细胞独立出来的基因个体。当然，人类体内与它相似的基因，也可能是从病毒来的，不过这些问题现在恐怕还无法回答。

类病毒

还有另一种类似的植物病原体"类病毒"（viroid），这种更原始的生物体只附在植物体内的特定蛋白上到处感染。这些已知最原始的生物体会自己进行催化的化学反应，复制自己的核酸，再搭便车散播后代。

在演化初期，这些简单的原始生物也许可以用一种低效率、高错误率的化学催化反应自行复制（最近有研究支持这个论点），但在比较复杂的生物演化成功后，这些非常简单的个体便依赖复杂生物体中效率较高的复制反应来复制自己，且渐渐演化成较复杂的病毒。这个论点最有力的证据，是丁型肝炎病毒的核酸序列及构造和一些类病毒很像，人们由此推想丁型肝炎病毒可能是由类病毒演化而来的。

最近的研究指出，丁型肝炎病毒的起源，可能是一种类病毒核酸"偷"了人类身体的基因后，使其可依赖乙型肝炎病毒做出的外壳保护自己，并传播后代。用这种模式思考，我们可以想象，病毒是由最原始的类病毒慢慢"偷取"细胞内的基因演化而成的，这些较原始的病毒再经互相结合与基因交换，形成更复杂的病毒。

类病毒最早是在 1971 年由科学家西奥多·迪纳（Theodor Diener）在马铃薯茎块疾病中发现的。刚开始，科学家以为这种马铃薯茎块疾病是一种病毒引起的，这种疾病要数年时间才会显现出来，很不容易研究。他们后来发现，这种让马铃薯生病的病毒也会使西红柿的生长变慢，而且致病时间只要两星期，于是他们改用西红柿做研究。首先，他们用一般分离植物病毒的方法去找病毒，却出乎意料地找不到。这时迪纳刚好加入研究团队，经过一番思考后，他们决定放弃病原是病毒的想法，大胆假设病原是一种核酸。他们先用会破坏 RNA 核酸的酶处理从番茄叶得到的病原体，结果发现，处理后，病原体的感染力消失了；用破坏 DNA 或蛋白质的酶处理则没有影响。这个实验清楚地证明，会让马铃薯及西红柿生病的病原体并不是一种病毒，而是光秃秃、没有蛋白外壳保护、非常微小的 RNA 分子（只有 200 到 400 多个碱基组成的环状 RNA）。

和很多新观念一样，这个不寻常的发现并没有马上被科学界接受。但迪纳并不气馁，继续寻找更多证据支持他的理论，终于开创了微生物学的新领域。这个新观念对农作物传染病的研究影响很大。后来的研究发现，许多农作物的疾病是这种新发现的病原体引起的。科学家也发现，这种非常微小的核酸不但可以改变植物细胞的功能，还能在整株植物里到处游走，感染不同部位。这种微小的 RNA 分子有一个很特别的性质：它是一种像酶一样的催化剂。托马斯·罗伯特·切赫因为发现这个现象而获得了 1989 年诺贝尔化学奖。

研究生命图秘的利器

在这个基因组时代，大家常有一个错误的观念，以为只要知道基因序列就可以了解生命的秘密。事实上，若把生命比成一本书，基因组序列只是其中的单词，我们不但还有很多单词不知道，而且对于把单词排成句子甚至章节的文法，更是所知无几。以噬菌体来说，它的全基因组序列很早就被确定了，但光从这个简单的序列，我们并不能了解噬菌体复杂的复制过程。要了解过程，必须了解时间顺序，也就是第一步要做什么、第二步要做什么等，但显然基因组序列并没有标明时间这个重要的因子。了解如何把基因单词写成生命的文章，是 21 世纪科学的重要课题。这方面的研究需要结合数学、物理、化学、信息、工程等各领域的知识，才能一探生命的奥秘。可以想见，简单但变化多端的病毒，将是各领域研究的最佳对象。

第 2 章

病毒如何传播

目前已知病毒影响人类的传播模式有四种：一、台风式的急速感染模式；二、持续性的感染模式；三、对宿主有利的持续性病毒感染模式；四、移民式的感染模式。

台风式的急速感染模式

第一种感染模式是台风式的急速感染模式。病毒像台风一样突然出现，快速散播，造成很大的伤害后又很快消失。这种流行病在历史上常常发生，若只在某个地区出现，则被称为流行病（epidemic），每年在世界各地不同时间发生的流感就属于流行病，但若病毒同时散播到世界许多地区，就是所谓的大流行病（pandemic），最

有名的就是1918年的世界大流感，2003年的SARS也算是大流行病。

造成这类传染病的病毒，通常是遗传物质为RNA的病毒，它们可能是从动物传到人的新病毒，也可能是在人体内经突变而变得具有传染性及毒性增高的新病毒株。人类刚开始对这些新病毒没有抵抗力，因此若传染的方式速度很快（例如空气或飞沫传播），会造成杀伤力很大的流行病。但也因为杀伤力太大，大家会开始警觉并做积极的预防措施。当受感染的病人死亡或被隔离，病毒的传播便会产生困难，受感染的人数快速减少，免疫系统也开始对抗入侵的病毒，使受感染的人体内的病毒消失，或使病毒的繁殖力降低，使感染停止。

1918 年，流感在美国大流行，传染约两三个月就几乎消失，2003 年的 SARS 也是。这种感染会产生高峰再下降，传染消失所需的时间，则要看病毒的传染速度、死亡率及隔离与治疗的措施。感染后、发病前的空窗期越长，无症状感染者越容易散播病毒，流行的时间就拖得越久。例如，艾滋病的传染要经过特殊的途径（如性行为、输血），传播的速度比经由空气传播的速度慢很多，而且要一段时间后才会发病。所以艾滋病从 20 世纪 80 年代开始到现在，仍继续在散播中。

根据以往的研究，这类传染病有一个特征：每隔一段时间会流行一次。例如，1973 年，有论文针对 1928 年到 1972 年之间几种病毒在纽约市及巴尔的摩市两大都市的发生率做了研究，发现病毒很规则地每隔一段时间就流行一次（图 1-8）。近代在美国发生的流感也有类似的周期性（图 1-9）。西方的研究发现，从 1580 年到现在，大约有 31 次流感，平均每十几年就发生一次。日本学者的研究发现，从公元 862 年至 1868 年间，日本共出现 46

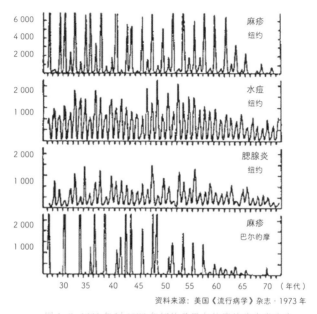

资料来源：美国《流行病学》杂志·1973 年

图 1-8 1928 年到 1972 年纽约及巴尔的摩的病毒发生率

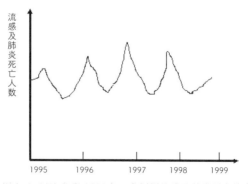

图 1-9 1995 年至 1999 年，美国因流感及肺炎死亡的人数

次流感，差不多平均每20年发生一次。专家估计，流感
病毒每30到50年会出现一种杀伤力强的新病毒，造成
严重的世界性大流行。这些研究清楚指出，当人类打完
一场与流行病的战争后，不要忘记，恶毒的新病毒已经
又开始成形。这是人类与自然的战争之一，以前如此，
现在如此，将来也会是如此。距上次大流感发生（2009
年）到现在，已超过10年，新一轮大流行病蠢蠢欲动，
随时可能发生。

研究也发现，1550年至1800年之间，伦敦平均两
年发生一次天花流行病，另一个城市则每五年发生一次。
这些流行病早期没什么有效的治疗方法，研究显示，在
没有有效医疗方法的情况下，很多病毒的传播也可以自
然停下来。相隔几年又会有另一轮感染，因为第一批病
毒只感染一部分人口。同时，在两个流行病高峰期间，
因为新的出生人口及人口的流动，对病毒没有抵抗力的
人口密度又慢慢增加，而原本有免疫力的人在隔了一段
时间后，免疫力也开始下降。当这些易受感染、没有抵
抗力的人达一定密度时，另一轮感染就会开始，形成周
期性感染模式。

如果病毒在第一轮感染结束后就消失了，那么第二

轮感染的病毒从何而来？要回答这个问题，得先看看第一轮感染结束后、第二轮感染开始前，病毒到哪里去了。研究发现有下列几种可能的模式。

第一种模式是，在两次感染高峰之间，病毒其实并没有消失，而是藏在某些人的身上。而且病毒不断在人体免疫系统的压力下，产生各种变异株，宿主的免疫力降低时，病毒就又开始繁殖。当对新病毒免疫力低的人口增长到一定程度时，传染就会迅速蔓延，造成另一次流行病。

第二种模式是，病毒在两次流行病之间，藏在动物、家禽，或者携带病毒的昆虫（如蚊子）身上。病毒在这些生物体内产生突变种，或与生物中类似的病毒"交配"，导致对这种新病毒没有抵抗力的人遭受另一轮感染。

千面病毒

造成流感及 SARS 的元凶冠状病毒，其基因组都是单链的 RNA，这种 RNA 的核酸序列在复制时容易产生突变，而且很容易与其他病毒的 RNA 交换产生新品种，因此这类病毒的变异可以非常快。流感病毒的基因组由 7

段或 8 段 RNA 组成，基因交换更为方便。这种快速的变化像千面人，每年一小变，过几年一大变，使免疫系统疲于奔命、无法对付，也造成开发疫苗及抗病毒药物的困难——当人体好不容易产生抵抗力，或者才刚研发出一种克制病毒的疫苗或药物，病毒的基因又改变了，免疫系统与辛苦研发出来的治疗药物又失效了。

学者研究古代英国病毒流行病周期，发现了一个有趣的现象。有时候，同一种病毒出现的周期会变长或变短。学者经过仔细分析后发现，病毒流行病的周期与粮食的价格关系密切。大麦是英国人的主要粮食，收成不好时，它的价格因为供给不足而高涨，老百姓买不起，营养不良，抵抗病毒的能力也跟着降低，导致病毒的感染速度加快。这个分析清楚地指出，国民的基本健康是预防传染病的重要因素之一。

若病毒引起的传染病真的有规律周期性，我们能否利用这种知识，预测下一场流行病会在什么时候出现？做这种预测之前，我们必须把现象量化。换句话说，我们需要数学家将周期性的现象换成数学公式，有了公式以后，就可以推算下一场流行病可能出现的时间。目前也有数学家及流行病学者从事相关研究。

其实这种数学分析并不难，数学家最喜欢这样有规律的变化模式。自然界有很多相似的现象，狼与兔子的消长就是很好的例子。兔子很多时，狼吃到兔子的机会很大，繁殖没有问题，数量就越来越多。但狼多到某个程度时，兔子被大量吃掉而变稀少，狼找不到兔子吃而饿死。于是，狼的数量开始减少，而兔子因为没有狼来吃，数量又开始增加。这样此消彼长、此长彼消的模式，形成波浪状的生长方式。若把狼换成病毒，兔子换成人，几乎就是图 1-8 及图 1-9 所显示的病毒生长曲线。不过，我们暂时先不要开始写 X 轴及 Y 轴，因为关键不在数量，而在狼与兔子的生育速度有多快，以及狼多快可以捉到兔子等等。这些参数是决定曲线形状的重要因素，这些因素当然也受环境及其他因素的影响，是相当复杂的，有时甚至波形的模式都会不见。

希望有一天，可用理论来推断下次病毒出现的时间，就像预报台风来袭一样，帮助我们早点做好应对流行病感染的准备。也许有一天，看电视新闻时会听到"流行病"预报员报告，某某病毒"暴风"正在形成，它的行经路线及暴风范围如何，中央或地方政府正组成防灾中心，民众出门时要多穿衣服、戴口罩、多洗手、多喝水。

　　第二种感染的模式是病毒长期寄居在被感染的人体中。这些寄居的病毒会产生少量病毒，短期内看不出对宿主的伤害，但常常造成长期累积的伤害，例如慢性乙型肝炎，或是被乳头瘤病毒感染的子宫颈。巴鲁克·布卢姆博格就因为发现乙型肝炎的传染模式，得到了1976年诺贝尔生理学或医学奖。有些病毒则是静悄悄地隐藏在人体里，几乎没有活动，也不繁殖病毒。这两类病毒会等到人体免疫力降低时才开始繁殖作怪。这种例子很多，最有名的是疱疹病毒（herpes virus）。当人身体不适或精神压力太大，导致抵抗力下降时，许多人都会有俗称"臭嘴角"（或说火气大）的情况，这就是病毒再度活跃的现象。

　　另外，这种隐藏的病毒会在器官或骨髓移植时趁机繁殖（病毒可能来自移植器官或病人）。医生为了降低排斥，移植时会压制病人的免疫力，此时病人免疫力很低，很容易因为这种趁火打劫的病毒的大量繁殖而死亡，这是器官移植时相当令人头痛的问题。这种情况也会发生在艾滋病病人及接受化疗的癌症病人身上。这两种病人免疫力都很低，前者免疫系统受艾滋病病毒破坏，后者免疫系统受治疗癌症时的抑制或伤害（如抗癌药物），常导致癌症病人因感染而死亡。

　　此外，妇女怀孕时，为了避免胎儿被母亲的免疫系统视为"异体"而发生排斥，母亲的免疫力会降低，病毒常会趁机繁殖，感染胎儿，造成胎儿不正常发育或死亡。因此，怀孕妇女若感染病毒，对胎儿相当危险。近年来的研究发现，有一些病毒会影响胎儿脑部发育，导致长大后的行为偏差，风疹就是一例。因此，怀孕妇女不能打麻腮风三合一疫苗，妇女打完疫苗后也应避孕几个星期。每一个人身体里，平日都有一群微小的房客与我们共存，然而一旦身体虚弱，它们就会出来捣蛋。

狡猾的逃脱专家

　　持续性的感染模式对病毒的长期发展有利，但因为需要长期寄居在人体里，它们也需要发展出一套能有效抵抗或逃避免疫系统的方法，以和细胞暂时共存。持续性的感染大多是由包有 RNA 遗传物质的病毒引起的。这类病毒与人类相处的历史久远，已进化出共存的方法，算是进化程度较高的、狡猾的病毒。不过，有时第一类的急性感染的病毒也会转变成这种长期相处的感染模式。例如麻疹病毒会经由突变，变得能长期感染小孩的脑组织，造成被称为亚急性硬化性全脑炎（SSPE）的慢性神经退行性疾病。

病毒这些狡猾的脱逃专家有各种避开免疫系统的诀窍。有的躲在细胞里不活动（暂时收山）；有的藏在免疫细胞里（好比盗贼就住在警察局里）；有的感染免疫细胞，改变或降低免疫细胞功能（与警察称兄道弟，降低其效力）；有的用外壳蛋白模仿免疫系统的各种蛋白，或制造与免疫系统很类似的蛋白（叫分子伪装），使免疫系统以为它是自己人（好像伪装成警察），或用这些伪装的蛋白影响免疫功能。

不仅在人体长期寄居的病毒有逃避免疫系统的本事，会造成急速感染的流行病病毒也有这种本领，其中以流感病毒最为恶名昭彰。流感病毒就像千面人，每年一小变、几年一大变，不停改变外壳蛋白，使免疫系统认不出来。所以，今年的流感疫苗明年很可能就无效了。有的病毒会制造特别的蛋白分子专门对付免疫系统，使免疫系统看不到病毒。例如，冠状病毒会制造一种模仿细胞内和抗体结合的蛋白，使抗体无法发挥功能。

病毒这种逃脱免疫系统攻击的技巧及策略，其实就是达尔文提出的"适者生存""自然选择"的演化法则，是病毒经过长时间与生物的战争演化而来的。《孙子兵法》说："知彼知己，百战不殆。"我们研究病毒躲避免疫系统的策略，不但可以更加了解免疫系统极为复杂的运作机制，也可以设计出对付病毒的更好办法。但说不定，正当我们思考如何对付它们时，狡猾的病毒也正在开会商量怎样对付人类呢！

流氓细胞繁殖壮大

长期居住在人体内的病毒，虽然已经不再需要为了大量制造而杀害细胞，但为了好好居住在细胞里，它会在细胞的机器及工厂动手脚，使其运作和正常的细胞不太一样，常常做出一些不正常的动作。若这些不正常的动作持续向免疫系统发出小警报，就会引起免疫系统不平衡，造成慢性发炎反应。例如，在乙型肝炎病毒引起的肝炎中，病毒制造出很像细胞的一种蛋白，免疫系统有时因为误认，会把正常的细胞也杀掉，造成自体免疫反应疾病（身体内的警察一天到晚误杀平民）。有研究认为，有一部分人患糖尿病就与这种由病毒引起的自体免疫反应有关。有一种慢性疲劳综合征（chronic fatigue syndrome）也可能与某些持续性感染人的病毒有关。中枢神经长期感染病毒，也会引起精神相关的疾病。最近发现丙型肝炎病毒以及一种叫博尔纳病毒（Bornavirus）的病毒，和精神疾病关系相当密切。

当病毒改变的是细胞负责生长与分化（不同细胞有不同的生物功能，虽然它们有相同的 DNA）的机器与工厂时，细胞的生长会开始不受约束，也不再做它原来应该做的事。这些不受拘束的流氓细胞开始大量繁殖，形成肿瘤。肿瘤持续恶化，流氓细胞到处设立分会、产生更多流氓细胞时，就变成大家害怕的癌症了。

病毒与癌症

1910 年，弗朗西斯·佩顿·劳斯在鸡的肿瘤中第一次发现了与肿瘤有关的病毒。当时，劳斯刚刚加入洛克菲勒医学研究所（洛克菲勒大学前身），他从霍普金斯医学院到洛克菲勒医学研究所之前，老师特别叮咛他，绝不可以做肿瘤方面的研究，聘请他的西蒙·弗莱克斯纳教授却坚持要他做老鼠肿瘤的研究。当时一位养鸡场老板在报纸上看到洛克菲勒医学研究所新请了一位研究动物肿瘤的专家，他的养鸡场有很多鸡都长了肿瘤，因此马上带着有肿瘤的鸡去请教这位年轻学者。鸡农告诉劳斯，得了这种病的鸡似乎会传染其他的鸡，这点让劳斯感到非常有趣，因为之前没有人听说肿瘤会传染。在好奇心的驱使下，劳斯把鸡的肿瘤做切片，用显微镜观察，果然看到由成纤维细胞产生的恶性肿瘤。

　　当时已经有病毒可以致病的新观念，于是劳斯做了一个大胆的假设：这种会传染的肿瘤，是否也是由这种新发现的病原引起的？为了证明这个想法，劳斯和助理首先用滤纸过滤肿瘤萃取液，发现萃取液会让鸡长肿瘤。为了更进一步证明这是由病毒而非细菌引起的疾病，劳斯以当时研究病毒的方法，将肿瘤的抽取物通过可过滤细菌的滤器，再将滤液注射到鸡体内，鸡果然长出新的肿瘤，证明了滤过性病毒可以引起肿瘤。

但这项发现当时并未受到重视。大家对鸡的肿瘤不太感兴趣，甚至 1950 年路德维克·格罗斯（Ludwik Gross）发现小鼠的肿瘤病毒时，大家仍不认为病毒和人类癌症有关联。一直要到五十几年后人类肿瘤病毒被发现时，这种关联才得到肯定，劳斯也因此得到 1966 年诺贝尔生理学或医学奖。要是劳斯遵从老师的劝告，不做肿瘤研究，就不会拿到这个奖了。所以，有时候老师好心的建议也只能作为参考。现在，洛克菲勒大学每年都会在半圆形大讲堂举办劳斯教授的纪念演讲，我有幸参加了好几次。

　　可别小看鸡的病毒，它是三次诺贝尔奖的主要功臣。1966 年的劳斯、1975 年的戴维·巴尔的摩（获奖消息公布时，他恰巧在我任职的研究所度假进修）和霍华德·特明、1989 年的迈克尔·毕晓普与哈罗德·瓦慕斯，他们获奖的研究都与鸡的病毒有关。鸡的病毒也让我们发现了致癌基因。这种病毒能够有效引起肿瘤的主要原因是，它偷了宿主的肿瘤基因，并在受它感染的细胞内大量制造肿瘤基因的产物。

　　第一个与人类肿瘤有关的病毒，是 1964 年爱泼斯坦（M. A. Epstein）与巴尔（Y. M. Barr）两位英国科学家，在伯基特医生（D. Burkitt）于非洲发现的淋巴癌细胞里发现的。在中国南方，这种病毒和鼻咽癌有关。其实几乎每一个人都感染过这种病毒，但为什么有些人得了淋巴癌，有些人得了鼻咽癌，有些人却没事？原因可能是每个人的免疫力不一样，以及病毒可以控制不同的细胞功能。发现这个肿瘤病毒之后，科学家陆续又找到与人类肿瘤有关的病毒，例如与肝癌有关的乙型肝炎病毒、与子宫颈癌有关的乳头瘤病毒。病毒的基因构造相当简单，科学家利用它来研究会引发肿瘤的病毒如何改变细胞的基因调控程序，以了解正常细胞如何转化成不正常的肿瘤细胞，找出治疗癌症的方法。

肥胖也跟病毒有关

还有些病毒会影响动物的生理状态，产生肥胖症。狗、鸡等许多动物都有这种会使动物变胖的病毒，它们虽然逃过了病毒的杀害，却变胖了。这些病毒可能影响了脑的功能，产生脂肪增生的现象。跟人有关的是人腺病毒 36 型（adenovirus 36）。1978 年，人们从德国一位患有糖尿病的六岁小女孩粪便中，发现了这种病毒。科学家用这种人类病毒感染鸡和老鼠时，意外发现这些动物的脂肪组织比没有病毒感染的动物增加了两倍，但血液中的胆固醇及甘油三酯浓度仍然正常，而且病毒就存在于脂肪组织里。最近的研究也发现，这种病毒会引起猴子体重增加。

那么这样的病毒和人的肥胖症有没有关系？（图1-10）根据调查报告指出，30%有肥胖症的人带有这种病毒的抗体（表示曾经被感染），而体重正常、没有肥胖症的人之中仅5%有这种抗体。有趣的是，有一对双胞胎

图1-10　病毒与人类的肥胖症

姐妹，上大学后，其中一个突然变胖了，而她曾被腺病毒36型感染。当然，肥胖症的原因很多，病毒可能只是其中之一，但若能用动物病毒研究脑如何调控脂肪组织的发育，以及腺病毒如何刺激脂肪细胞的生长、分化与胆固醇和甘油三酯的代谢，我们也许可找出预防及治疗肥胖症的好办法。

对宿主有利的持续性病毒感染模式

第三种模式是对宿主有利的持续性病毒感染模式。并不是所有持续感染的病毒都对人体不好。最近科学家就发现一种很多人血液中都有的 GBV-C 人类病毒，科学家至今还找不出它会造成人类的什么疾病。最近甚至发现，它可以干扰一些病人体内的艾滋病病毒的复制，协助抵抗艾滋病。这种体内原有的寄生病毒保护宿主的行为，是细菌及植物世界里的常见现象。植物病毒学中，用类似的病毒干扰另一种病毒的生长，被称为交叉保护。现在人们知道其中一种机制是寄生，持续性感染的病毒的外壳蛋白，会干扰新来的病毒的复制，算是一种以毒攻毒的策略。现在有些生物技术公司想利用基因工程的技术，把会保护植物的病毒外壳蛋白基因转植到植物内，生产有抗病毒能力的农作物。

另外，持续性感染的病毒有时还会积极培养寄生宿主的后代。有一类寄生蜂有一种持续性感染的病毒，在超过七千万年前就已经和宿主产生共生的关系。寄生蜂繁殖的方法是把卵产在一种毛毛虫体内，为了防止毛毛虫的免疫系统杀害它的卵，寄生蜂在把卵送进毛毛虫体内时，会一并将共生的病毒送进去。病毒颗粒只生长在寄生蜂的卵巢，而且会伴随着卵的发育而复制，所以会随着卵一起进入毛毛虫体内。

首先，病毒会制造一种有毒的蛋白，使毛毛虫无法动弹，然后抑制毛毛虫的免疫细胞，并将自己的表面蛋白伪装成类似寄生蜂卵的外壳，误导免疫细胞，使免疫细胞不会攻击寄生蜂的卵，病毒还会制造一些蛋白，能够抑制毛毛虫的免疫细胞攻击寄生蜂的卵，但不会影响毛毛虫一般的免疫功能。接下来，病毒必须停止毛毛虫转变成蝶的过程，以免养分被用在蜕变的过程，使得寄生蜂的幼虫挨饿。为了达到这个目的，病毒会想办法干扰毛毛虫的激素作用，让毛毛虫停留在幼虫期，直到寄生蜂的卵长大为成蜂。这种忠心的病毒一直忙着做事，

完全没有时间复制，实在是勤劳又聪明的"病毒保姆"。
这种复杂的寄生蜂—病毒—毛毛虫三角关系，令人不得
不赞美自然造物的奥妙。不过有人认为，这种病毒已不
能算是病毒，它已经演变成寄生蜂的一部分，就像人类
细胞内的线粒体是由细菌演化而来的，但现在已经没有
人认为它是细菌。我们可不能小看这些最原始的生物体，
它们独特的催化反应，可以为生物技术领域投资者带来
很多收益。

　　寄居病毒帮助宿主的现象，不仅能在高等动物及昆
虫世界看到，寄生在细菌中的病毒（噬菌体）也会替细

菌做事。例如，链球菌会引起心脏内膜炎，它与血小板结合的表面蛋白，就是病毒替它制造的；沙门氏菌能在人的小肠生长，而不会被小肠的特殊免疫警察杀掉，就是靠寄生在它里面的病毒制造的一种蛋白；引起霍乱的病菌毒素，也是靠寄居的噬菌体制造的。

美丽花色也是一种病毒感染的结果

很多人大概不知道，有些郁金香有鲜艳的颜色及各种不同的花纹，其实是因为病毒的帮助。郁金香的色素本来是均匀分布的，但受到某类病毒感染后，色素分布会产生戏剧性的变化，形成各式各样的花色及花纹（图1-11）。这种病毒感染会影响郁金香的生长，使其因栽培不易而更显珍贵。17世纪时，这种后天因素产生的花种受到荷兰人喜爱，花价飞涨到不可思议的地步，造成"郁金香狂热"。然而，这些由病毒引起的花色，没办法像配种的花那样代代相传，许多人因而倾家荡产，甚至造成荷兰的经济危机。

其实，不仅郁金香花色会受病毒影响，茶花、玫瑰花、紫罗兰、唐昌蒲、石竹等花的花色分布，也会因病

图 1-11　影响郁金香花色的伦勃朗病毒

毒感染而产生变化。甚至有些果实，例如西瓜的颜色及花纹也会因为病毒而产生变化。有花农因此故意让花树感染病毒，好得到特殊的花色。然而，随意让花树感染病毒是相当危险的事，因为我们还无法控制病毒对植物的影响，对花卉工业可能产生很大的威胁。当我们了解病毒如何改变花色分布的生化过程之后，也许就能利用基因工程改变各种花的颜色及花纹，打造很有"钱"途的花卉生物技术产业。

移民式的感染模式

　　第四种感染模式是移民式的感染模式。前述三类感染模式都是横向的，即病毒在同一代人或生物间传播，但有些病毒干脆把自己的基因组与人的基因组结合，变成人类基因组的一部分，并随着精子与卵子传给人类的下一代。这种病毒都是一种类似艾滋病病毒的"逆转录病毒"（Retrovirus），特色是病毒颗粒里的核酸是单链的RNA分子，它进入细胞后，就以逆转录酶将RNA分子变成和人类基因一样的DNA，再插入DNA，变成人类基因组的移民。这类移民总共占人类基因组的8%，是非常重要的基因成员。

　　这类病毒就像移民，当移民的时间还不长，病毒还记得自己的过去而继续感染。但时间久了以后，这些移民就会渐渐归化成宿主的一部分。因为这些移民病毒影响基因的能力很强。它们参与并改变了很多人类基因的运作，甚至产生病毒与人类基因的混合基因。最近有研究显示，人类基因的调控，很多都要靠这些少数的早期移民基因。（像不像美国的犹太移民？）而且这些病毒移民会使人类基因的染色体排列产生相当大的变化，促进人类的演化。

人类染色体的尾端都有一个特殊的"端粒"结构，维持染色体的稳定，而维持这个结构的酶和移民病毒有亲缘关系，极有可能是由病毒移民提供的。有些植物及果蝇的病毒移民则会直接保护染色体的末端。病毒移民也会帮助"新祖国"对抗同类病毒的入侵，已经彻底效忠宿主。在农业上，这种抵抗病毒的机制可能有很高的应用价值，很多科学家及生物技术公司对病毒如何抵抗病毒的过程很感兴趣。

人类是胎生动物，最近有研究发现，移民病毒在这种生育方式中扮演着相当重要的角色。胎生最大的问题是，母亲一方面必须提供养分给胎儿并帮助胎儿排出废物，一方面又必须防止免疫系统排斥胎儿。为了解决这个问题，胎生动物发育出特别的组织"胎盘"，而我们的逆转录病毒移民，就是参与胎盘形成的重要角色。

首先，病毒移民会参与胎盘细胞的生长及分化。要有效地防止母亲的免疫系统攻击胎儿，胎盘上那层细胞必须做到滴水不漏。此时，逆转录病毒移民使用可以让细胞膜融合的特殊才能，将胎盘细胞的细胞膜连成一道密不透风的围墙，保护胎儿。这个过程中的合作关系非常微妙，病毒移民的这项才能只有在人体这部分才派得上用场，这种关系在哺乳动物的演化上是如何建立的？这仍然是个谜。接下来，病毒移民还会发挥病毒的本能，分泌降低母亲免疫系统反应的物质，减少对胎儿的排斥（人体在特殊情况下才会允许病毒移民的这种动作，不然会相当危险）。

另外，一种在胎盘滋养层与胎儿发育有关的基因，也是由病毒移民调控的。研究者最近还发现，病毒移民在精子的形成、卵子受精（促进卵和精子的结合）以及受精卵的发育上，扮演着目前尚不清楚的角色。移民病毒的基因也是胚胎发育中最早表达的基因，虽然我们还不知道它在胚胎发育中的角色，但显然有其重要性。如果在胚胎发育早期抑制这种病毒基因的表达，会造成小鼠胚胎发育不正常。想想看，如果没有这些病毒伙伴，今天就不会有你我呢。

人类社会变迁中的病毒感染模式

人类在进入农业社会以前过着采集狩猎的生活，这种生活形态下，群聚人口数很少，在这种人口密度低、人口数少的时候，第一种感染模式的病毒因为感染速度太快、杀伤力太大，很快就传不下去了。我们可以推测，农业社会以前，这种感染方式的病毒不容易在人类中流传。但当人类社会进入农业经济形态后，人口开始聚集，经济成长及人力需求使人口急速增加，我们不再像采集狩猎时代那样经常迁居，而是固定地群居在一起。这种生活方式的改变，使以前不容易存在的第一种感染方式有机会肆虐。有证据显示，一万年前，在北非及中东的初期农业社会，就有天花病毒的传染病。

　　人类进入农业社会后，因为耕地的需求、人口快速增加、大量开垦荒地以及大量饲养各类动物，开始与动物身上的新病毒产生接触，造成以往没见过的传染病。近百年来，交通工具的发展使得人口流动越来越快，一种未知的病毒可以很快地从世界的一个角落传到全世界，而病毒在不同地区传播又造成更多种的突变。

病毒人类学

　　有些病毒寄居在人体内的历史非常久远，而且会由父母传给子女，因此我们可以通过这些"老房客"来探索人类的迁移史。例如，有一种 JC 病毒会感染肾脏及中枢神经系统。这种病毒是在一位名字缩写为 JC 的病人身上找到的，因而被如此命名。

JC 病毒自有人类以来就跟我们在一起，因此当远古人类分成欧、亚、非三支时，病毒也随之演化成基因序列稍微不同的病毒。从基因序列加以区分，可发现五种亚型：第一类分布在欧洲、北非及西亚，第二类分布在非洲及西南亚，其他的三个亚型则分布在亚洲。我们可以从这样的分布推测远古人类的演化及迁移的历史。

最近的研究发现，美国纳瓦霍印第安人的 JC 病毒基因序列与日本人几乎相同，反而跟另一族的印第安人差别更大。这个结果显示，日本人与纳瓦霍印第安人有相同的祖先，而且美国的印第安人应该是分成几批抵达新大陆的。另外，感染妇女子宫的乳头瘤病毒也是自有人类以来就跟着我们。最近的研究指出，中国人、日本人及南美亚马孙河流域的印第安人，都有一种类似的乳头瘤病毒亚种，显示这三种人在演化历史上有相当密切的关系。

最近科学家就利用这个历史基因记号，研究新西兰南岛的人种起源。他们发现，西太平洋海岛原住民的病毒主要有澳亚人种型及非澳亚人种型两种。前者与亚洲大陆的亚型相近，所以我们可以推测非澳亚人种型是最初的原住民，而澳亚人种型则是从大陆来的移民。这个结论与人类学研究发现澳亚语系的"拉比塔"（Lapita）文化在三千到五千年前抵达太平洋岛屿的结果不谋而合。另一个研究发现，古代南美印第安木乃伊中有一种叫HTLV-1病毒的亚型（艾滋病病毒的近亲），而且它与古代日本的阿依努人、现代日本人以及南美印第安人的病毒相似。最近的研究更指出，南美、加勒比海、日本、印度、伊朗和南非，都有同型的病毒。像这样的考古人类病毒学研究，将来可以帮助大家了解民族迁移的历史及文化的演进。

还有一种名为 GBV-C 的病毒（含有 9 300 个碱基的 RNA 病毒），也可用来追溯人类的亲缘关系。这是几年前新发现的病毒，因为很像丙型肝炎病毒，刚开始人们以为它是肝炎病毒的一种，但现在已证明它和肝炎无关。很多人都会感染这种病毒，却没有出现任何病征。根据基因序列，这种病毒在世界各地可分为四种类型：西非型、欧美型、亚洲型及东南亚型。有趣的是，这些病毒的共同祖先是非洲型，而与非洲型亲缘最近的是东

南亚型。这项结果与考古人类学的学说——人类祖先在
七八万年前从非洲迁移的一条主要路径是从南部沿海到
达东南亚——是相吻合的。

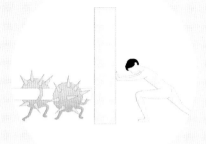

第二篇　PART 2

人类和病毒的战争

第 3 章

病毒如何侵袭人类

病毒如何入侵？

病毒要感染就必须从人的身体外面找到地方进去，而身体与外界接触的地方只有表皮及内皮[1]。人的表皮有一层厚厚干干的死细胞层保护，除非破皮，例如狂犬咬伤或蚊虫叮咬等皮肤受伤，或经由打针输血直接进入血液，病毒不容易从表皮开始感染，而须从其他较薄弱的地方进入身体。即使有病毒感染皮肤，例如乳头瘤病毒，也只会在同一个部位慢慢繁殖。

第一个可能感染的途径是眼睛的结膜。结膜虽然是表皮的一部分，却不像皮肤有干燥的死细胞层保护，有

---

1 内皮，此处指的应为胃肠道等处的上皮。——编者注

些病毒就会从这里开始感染。2003 年流感病毒在荷兰引起的鸡瘟，就造成 80 位农场人员患结膜炎。

第二个可能的途径是上皮。包括通过消化系统，如口腔、食道、胃、肠，病毒由污染的手或食物进入，甲型肝炎病毒就是个例子；通过呼吸系统，例如鼻腔、咽喉、气管及肺，经由空气传染，流感病毒就是这样的。另外，像泌尿生殖道等与表皮相连接、但不像表皮有死细胞做保护层的部位，也是病毒喜欢入侵的地方，可能经由性行为或血液透析感染，例如乳头瘤病毒、艾滋病病毒等（图 2-1）。

不同的病毒会进化出进入不同上皮细胞或眼睛结膜

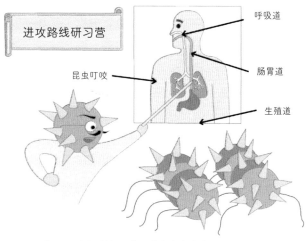

进攻路线研习营

昆虫叮咬

呼吸道

肠胃道

生殖道

图 2-1 消化系统及呼吸系统是病毒喜欢入侵的地方

的方法。流感病毒会感染呼吸道上皮细胞。冠状病毒通常感染上呼吸道或肠道的上皮细胞，例如2003年SARS病毒感染下呼吸道。我们常听到的肠道病毒，顾名思义是感染肠道，其实也可能感染其他地方。

病毒喜欢入侵的地方，也是病毒复制完后从身体跑出来的地方。例如呼吸道的痰、鼻涕及咽喉的黏液，消化道的唾液、粪便，尿道的尿液及生殖道的分泌物等等。有的病毒（如丙型肝炎病毒）甚至会从汗液或乳汁跑出来，艾滋病病毒就会通过母乳跑出来感染婴儿。最近在美国发现，西尼罗病毒（West Nile virus）也会通过母乳传给婴儿。带有病毒（及其他病原）的人或其他生物的分泌物、排泄物，存在于我们的周围，有些病毒可以在这些环境中存活一段时间（在海底的病毒甚至可存活五十年之久），这就是环境卫生对于控制传染病非常重要的原因。

第一线战役：黏膜上的大战

上皮及眼结膜不像表皮有死细胞层保护的主要原因，在于它们需要与外界物质接触，进行某些生理功能（如吸收养分或呼吸）。但这些细胞也有一套特别的防卫系统。

例如呼吸道有一层有纤毛的黏膜细胞，上面覆盖两层不同性质的黏液，而且有特殊的免疫系统守卫（这是"地方警察局"）。外来病毒进入时，首先会被黏膜上的黏液，以及黏膜特有的免疫球蛋白 A 黏住，黏膜细胞的纤毛则把这些带有病毒的黏液往外推，将之变成痰并引发咳嗽，将脏东西从呼吸道排出去。比较厉害的病毒会用自己表面特殊的酶"剪刀"，将自己从黏液上释放出来，再感染细胞。如何锁住这把病毒的"剪刀"，是许多科学家与药厂感兴趣的研究题目。有些人的纤毛运动能力较差，或者黏液功能不好，得病率就比较高，常常发生呼吸道感染。

　　黏膜的特殊免疫系统则是身体的第二道防线。上皮细胞有一套与免疫细胞共同作战的方法。上皮细胞可以在细胞间打开一个缝隙，让免疫细胞随时从体内跑到上皮的表面巡逻。上皮细胞察觉有病毒入侵时，会启动一连串的信息，告诉黏膜的免疫系统前来抵抗，并立刻自杀。它自杀的动机是不让病毒有机会在细胞内繁殖，进而制造更多病毒感染更多细胞。病毒则会想办法防止细胞送出求救信号，并千方百计阻止细胞自杀，让细胞活到自己繁殖完再死亡。这是细胞与病毒间的拉锯战（图2-2），而得到求救信息的免疫细胞则会跑来对付病毒，

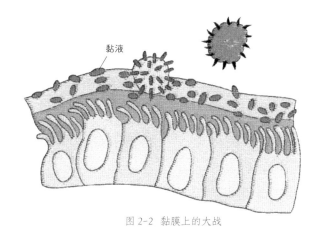

黏液

图 2-2　黏膜上的大战

清除自杀的上皮细胞尸体，并启动修补上皮的动作。

炎症反应

如果一切顺利，那么抵抗病毒的战争就打完了，一切回归正常。但有时因为入侵的病毒太多，或病毒成功地开始繁殖，上皮细胞的求救信号会过于强烈，造成免疫系统不平衡及过度免疫反应，产生炎症反应。若这种情况发生在肺部，肺上皮细胞死亡及过度发炎反应会造成肺积水及纤维化，使肺部的氧气无法进入血液，令患者呼吸衰竭而死亡。我们常常听到的"插管"，其实就是为了增加肺中的氧气压力，让氧气进入病人的血液所采取的措施。但高压氧气会产生自由基，刺激肺内成纤维细胞产生大量纤维分子，造成肺部僵化，病人痊愈后，有时会产生肺纤维化的后遗症。因此，这种情况下，病人的死亡并非由于病毒杀死太多细胞，而是免疫系统过度反应造成的。

另外，关于前述的上皮细胞功能和哮喘的关系，最近有研究发现，有哮喘的人，其呼吸道上皮细胞的性质，很像被病毒感染的上皮细胞对免疫系统发出求救信号时的状态，这个持续的求救信号使免疫系统失去平衡，产生慢性的炎症反应。因此，了解上皮细胞如何调控和产生发给免疫系统的信号，不但可以帮我们找出并阻止或缓和病毒引起的肺炎，或许还可让我们找到治疗哮喘的方法。

第二线战役：免疫系统之战

有些病毒只在上皮细胞繁殖，例如流感病毒及冠状病毒，它们借由上皮上的液体，把初步繁殖的病毒扩散到其他部位，但有些病毒在上皮细胞的感染只是第一步。病毒成功侵入上皮后，还必须从不同途径寻找它喜欢感染的身体部位，以便大量繁殖后代。不同病毒入侵的方式不一样，有的进入血液，有的进入淋巴。感染脑的病毒比较特别，因为脑和血管间有一道障碍，病毒无法穿过，比较"聪明"的病毒都是顺着神经细胞进入脑内感染的，有些病毒则改变障碍的穿透性进入脑内。

病毒入侵后，第一个碰到的就是守卫队——免疫系统，也就是前面提到的两道防线。若入侵的病毒是以前有过的，身体就会启动第二种免疫系统对抗。除了抗体之外，人还有各种不同的警察细胞。警察细胞会到处巡逻，从血液到组织，再从淋巴系统回到血液。各种组织也有自己的"驻警"，发生感染时，警察细胞及被感染的细胞会发出警报，要血液中的警卫队快来帮忙对付入侵的敌军。血管为了让血液中的警察细胞大队赶快进入感染区，会扩张血管（会产生发热的现象）并松开血管壁，让警察细胞从血管跑出去（因液体及细胞流到组织内，人会产生水肿），进入感染区的警察细胞则开始开枪（其中一种子弹就是自由基），杀死病毒或被病毒感染的组织细胞。这些复杂的动作就是炎症反应。炎症反应的特征是：红肿、发热及疼痛，最早描述这个现象的是公元1世纪的罗马学者塞尔苏斯。炎症反应太过强烈时，正常组织也会受到伤害，若组织受伤严重，器官就无法正常运作，造成疾病。

病毒为了通过免疫系统这道防线，"想"出千奇百怪的花招。它会以量取胜，或使尽干扰、安抚、伪装、欺骗、躲藏的伎俩，甚至暗杀的手段。有些病毒会改变容貌、遮盖容貌，干扰免疫细胞的功能、改变免疫反应或降低免疫系统的效率。有的病毒甚至会制造类似激素的物质，调控免疫系统。艾滋病病毒就是躲避免疫系统的佼佼者。因此，研究如何对付病毒狡猾的手段，是治疗中的重要课题。

病毒通过免疫系统防线后，便可以跑去感染它的目标。它选定目标的方式是，利用表面的蛋白认出特定的组织细胞，它通常会选择某种组织的细胞做第二波繁殖，繁殖出来的病毒常常会再经由血液或其他途径，造成更多的感染。

病毒的传染媒介

以上介绍的感染及散播方式，病毒要直接与表面细胞接触，这类传染需要物理方式（气流、飞沫、摸触等）

散播病毒。另一类病毒则进化出更容易散播的方式，即利用生物媒介（通常是昆虫）直接进入要感染的人或动物的血液中，而不需要先穿过有巡逻警察的第一道防线。这种方式有点像战争时的敌后空降。登革热与流行性乙型脑炎就是由蚊子做媒介传播病毒的。

这些病毒在媒介的昆虫体内，第一个任务是逃避昆虫的免疫系统，第二是要在昆虫的唾液腺内繁殖。在唾液腺繁殖，是因为蚊子叮咬时会将一些唾液送入被咬生物的血液，蚊子的唾液有防止凝血的物质，所以血液才不会在它吸血时凝固。病毒利用蚊子吐唾液的动作进入血液，而且蚊子唾液还含有一些物质会帮助病毒感染细胞。狡猾的病毒为了增加传播量，会去改变昆虫的行为，最近就有研究发现，登革热病毒会感染蚊子的神经细胞，使它叮咬的时间比没有带病毒的蚊子更长。

感染植物的病毒很难直接用物理方式传播，大多利用昆虫帮助传染，最常见的媒介有蚜虫、粉蚧及粉虱。病毒要搭这些"飞机"感染别的植物之前，必须先制造一些特殊的蛋白质（就好像搭飞机要先买票，不同的病毒只能搭不同的昆虫飞机）进入或附上昆虫，没有蛋白质机票的病毒只能望机兴叹。但也有些狡猾的病毒，会偷别人的机票搭机离开。我们还不是很清楚这些有趣过程的细节，但也许可以从中学到有效散播改良植物基因的技巧。

跟叮人的蚊子里的病毒不一样，植物病毒并不在携带它们的昆虫内繁殖，只是附在昆虫的嘴巴上面，或是从昆虫的身体通过，借由昆虫帮它们散播。有些聪明的病毒甚至会促使被它感染的植物分泌挥发物质，吸引昆虫带它们到别处感染。植物病毒当然也会通过其他方法散播后代，有的附着在霉菌的孢子上飞到别的植物上，有的干脆靠植物的种子传播。

影响病毒致病的因素

我们都知道，在流感期间，并不是每个人都会生病。为什么有些人感染病毒会生病，有些人却不会？除了个人因素（基因、性别、营养、年龄、用药）以外，病毒也会对某种人情有独钟。例如，老人患流感时症状可能比较严重，是因为他们的肺部功能较差，然而在 1918 年发生的流感中，死亡率较高的却不是小孩或老人，而是年轻人。另外，脊髓灰质炎病毒感染小孩时，常常没有什么症状，但感染青少年或成人时，病情就很严重。近百年来，西方先进国家由于环境卫生大为改善，脊髓灰质炎病毒的感染常延至青春期才发生，造成严重的疾病；相反的，落后国家因为环境卫生较差，患者从小就受到感染，反而得到了保护。

20世纪40年代，脊髓灰质炎病毒首次"登陆"因纽特人的村落时，很多年轻力壮者都得了病，小孩和老年人反而无事。后来发明口服脊髓灰质炎疫苗的萨宾博士觉得很奇怪，以前偶尔发生的脊髓灰质炎，为什么在20世纪中期的先进国家一下子多了起来？而且，驻在日本与菲律宾的美军会患这种疾病，当地却未暴发传染病。在经过分析之后，萨宾发现，糖吃得越多的地区，脊髓灰质炎发生的比率也越高——其实就是因为脊髓灰质炎病毒对不同年纪的人影响不同。吃糖多的地方当然比较富裕，环境卫生比较好，感染这种病毒的时间也比较晚。但多吃糖是否真的让人比较容易得脊髓灰质炎，那就有待研究了。

另一个例子是与鼻咽癌有关的EB病毒。在落后国家，小孩大都很早就感染了EB病毒，但几乎没什么症状。不过在先进国家，因为卫生的改善，感染时段延至青少年或成年，会产生传染性单核细胞增多症。当然，每一个人的基因组成也是影响病毒感染致病与否的重要因素之一。最近的研究就发现，有些人因为免疫细胞构造不同，对艾滋病病毒有抵抗力，这些人虽然连续受到艾滋病病毒感染，却不会发病。有些人则因细胞上病毒需要开启的门锁基因产生变异，病毒不得其门而入。

总之，了解某些人不受病毒侵犯的原因，对于我们抵抗病毒有很大帮助。也许将来有一天，我们可以用基因技术告诉大家，哪些人比较容易受某种病毒侵害，让这些人能及早防范。

第 4 章

改变历史的病毒与瘟疫

天花瘟疫

天花病毒的构造如同外膜包着一块砖头，长约 302 至 350 纳米，宽约 244 至 270 纳米。它含有 186 000 个碱基的双链 DNA，DNA 的尾端会连在一起。天花病毒可分为两种，有没有外膜都可以感染细胞。

有证据显示，早在一万多年前农业刚开始时，中东地区就有过天花的流行。最早有记录的病毒感染，出现在公元前 1350 年埃及与赫梯帝国的战争中。当时的记录显示，埃及战俘可能把天花传给了赫梯人，连赫梯国王苏皮卢利乌马斯一世与其继承人都得病去世了，不久后赫梯从历史上消失。死于公元前 1157 年的埃及拉美西斯五世，其木乃伊的脸上及皮肤有天花感染的迹象。他死后不久，埃及的新帝国也瓦解了。有趣的是，《圣经》"出埃及记"第九章中记载，耶和华要摩西从炉中取灰撒向空中，使人畜皮肤都起泡生疮（天花？），这个故事也发生在这个时期，因此最近有人根据《圣经》上记载的日食推算，猜测摩西带领犹太人的祖先离开埃及进入沙漠，可能就是为了逃避这场瘟疫。据说，中国商朝在同时期（约商朝末年），也可能有天花感染。然而这是不是造成商朝衰落、被周朝取而代之的原因，还有待考证。

罗马人在公元2世纪中期因与安息帝国（西方称之为帕提亚，取自建立该国的波斯游牧民族帕尼之名，汉朝则以其创国王室阿尔沙克家族的音译"安息"称之，在现在伊朗一带，公元前247年建国，公元224年灭亡）作战，把中亚流行的天花带回罗马，导致史上有名的安东尼瘟疫。据《魏书·列传·卷十八》记载，东汉桓帝建和二年，安息王世子安世高（著名佛教高僧）入洛来归——不知其是不是为了逃避这场瘟疫而移民中国的，这有待考证。这场瘟疫中死了三百万至七百万人，根据当时有名的医生盖伦（西方医学之父）描述，有三分之一至四分之一的罗马人死于这场瘟疫，连罗马皇帝奥勒留都无法幸免，这对当时如日中天的罗马帝国打击很大。

第二波瘟疫来袭时，罗马已无足够人力保护自己，最后只好东迁为东罗马帝国。这场大瘟疫有好几波，一直延续到 3 世纪。当时东西方贸易往来相当频繁，汉末更有大批外族移民中国，瘟疫很可能经由丝绸之路及印度传到了中国。

中国在东晋时期就曾发生天花瘟疫，东晋道教理论家及医学家葛洪（283—343）就曾在著作中描述天花的症状："发疮头面及身，须臾周匝，状如火疮，皆戴白浆，随决随生，不即治，剧者多死。"这是历史上最早的天花医学记录。这种疾病当时叫作"虏疮"，显然是外国传来的疾病。从《晋书》的记载可知，葛洪生平共遇到五次大疫，时间与中亚的大瘟疫相近，但哪一次才是天花瘟疫还有待考证。自此之后，天花一直流行到 1979 年才被宣布根除，幸好天花病毒是 DNA 病毒，很容易用疫苗去除，但不知什么时候，或许这个病毒又会重现江湖，世界卫生组织（WHO）需要常常去侦测它才好。

天花在 4 到 5 世纪时传到朝鲜半岛，在公元 735 年从朝鲜半岛传到日本，在 735—737 年大流行，有三分之一的日本人因此死亡。在 7 世纪由阿拉伯人传到北非、葡萄牙、西班牙及印度，11 世纪十字军东征带回天花，

15世纪时葡萄牙人传给非洲人，16世纪时再传入中南美。

历史上有不少君王贵族染上天花病毒而去世，例如英国女王玛丽二世、法国国王路易十五、俄国沙皇彼得二世等，连美国第一任总统华盛顿少年时也曾在加勒比海感染天花。而在中国，清朝康熙皇帝早年曾经感染天花，顺治及同治也因天花去世。天花在1980年被世界卫生组织宣布根除。天花大概是从马的病毒传染过来的，从DNA分析99.2%的序列和人的相同。

西班牙征服南美

历史上最有名的病毒传染病，发生于公元1520年西班牙入侵墨西哥时。那年4月，西班牙的舰队登陆中美洲，军队中感染天花的非洲奴隶（一说是古巴奴隶，当时中美洲岛上的天花瘟疫已造成居民的重大伤亡）将瘟疫带到当地。瘟疫逐渐传至中美洲内陆，所以当第一批西班牙军队到达时，中美洲的瘟疫已经相当严重。虽然墨西哥军队打败了西班牙入侵者，但是国王死于天花，许多地方的酋长也都得了天花死亡，所以西班牙才能以几百人的军队在很短时间内征服中美洲。这场天花瘟疫在几年内造成三百多万阿兹特克人死亡。

　　西班牙人刚到墨西哥时，有些原住民以迎神的态度欢迎他们。在他们的传说中，很早以前有位白色的有胡须的神（羽蛇神），从西方来到墨西哥，教他们要敬拜偶像，并在离去时告诉墨西哥人他会再回来。因此，信基督教而满脸胡须的西班牙白人出现时，不正像是他们的神回来了吗？

美国独立战争

　　另一个与世界历史很有关的瘟疫，发生在公元1775年至1782年，是美国独立战争时的天花流行病。当时正值独立战争的紧张时期，波士顿的天花传到美国军队，连指挥官托马斯都得病去世。英国军队因为种过人痘，较有免疫力（当时种牛痘技术尚未被发明），受到的影响较小。1777年，美军节节战败，华盛顿退到费城近郊的福奇谷（现在是美国独立战争纪念馆所在地），不但粮食不足、饥寒交迫、士气低落，而且屋漏偏逢连夜雨，遇到天花流行，士兵人数从一万多人骤降到只剩五六千人，可以说是独立战争最凄惨的时刻。美国开国元老亚当斯在写给太太的信中着急地说："天花！天花！我们怎么办？"

华盛顿十九岁时曾感染天花，这让他在独立战争时免疫。一开始，他想到的解决办法是隔离，有一天他突然改变主意，下令接种人痘，及时阻止了天花传染病，否则美国独立战争很可能失败，近代世界历史恐怕就要完全改变了。

这场历时七年的天花瘟疫死亡人数超过十二万人，是死于独立战争人数的五倍。也因为许多印第安人的死亡，初期美国政府的运作及领土的扩张较为容易；美国政府早期还会用天花威胁印第安人。另外，在独立战争中，美军挥兵北上攻击魁北克时，也因天花而失败，否则加拿大现在可能已是美国的一部分了。种人痘的技术，传说是从宋朝峨眉山一位尼姑开始的。

顺带一提，天花在外国叫"smallpox"，pox 其实是pock（装有水的袋子，形容有脓的痘疮）的复数 pocks的简写；小（small）则是在 1571 年，有人用来与常见较大梅毒痘疮做区分的描述。

古希腊伯罗奔尼撒战争史

　　另一个可能由病毒引起的流行病故事，发生在公元前 5 世纪的雅典。公元前 5 世纪前后是人类文明非常重要的时刻，东方有孔子、老子及释迦牟尼，西方则有希腊文明。我们都知道，亚历山大大帝在公元前 4 世纪的东征，是人类历史上的大事，也对人类文明产生了极大影响，但他崛起的主要因素之一是，当时希腊两个最强盛的城邦雅典与斯巴达的衰落，亚历山大的马其顿渔翁得利，一统希腊半岛。

　　公元前 5 世纪正值希腊的黄金时期，雅典在政治家伯里克利的领导下，建立世界上第一个民主国家，文化与艺术也达到巅峰，文学、戏剧、哲学、科学与工程，对西方文明的影响极其深远。我们熟知的苏格拉底、柏拉图、希波克拉底（医学之父），以及现在在雅典还可见到的帕特农神庙，都是当时文化的结晶。

　　雅典文化及经济快速发展，使邻近强国斯巴达倍感威胁，在一些零星的冲突后，爆发了长达二十多年的战争（从公元前 431 年开始，至公元前 405 年雅典投降为止）。最后雅典战败，也结束了希腊的黄金时代。这场战争在西方历史中享有盛名，是因为雅典学者修昔底德（图2-3）的记录。他的名著《伯罗奔尼撒战争史》描写历史时的严谨仔细，以及书中的观点，都让这部书被视为历史著作的典范，直至现在都是历史学家及政治家必读的经典之作，书中对国际关系的看法，对美国冷战期间的政策有相当大的影响。

雅典在这场战争中失败的重要因素之一，是发生连续三年的瘟疫（但有人不同意这个观点）。在书中，修昔底德详细描述了战争第二年的夏天，雅典因为战略的关系而将城外人口内移，使雅典城内人口密集而发生的瘟疫。他也感染了，因而对疾病病征的描述特别翔实。他

图2-3 修昔底德

要描述疾病的情况、病征，以便往后若再发生，可知道是什么病。修昔底德对病状的描述非常生动："病人突然发高烧，肤色、口腔、喉咙及眼睛变红，口有恶臭，然后开始打喷嚏，声音嘶哑……大力咳嗽、呕吐、无力地吐气（empty heaving，有人认为原意应是干呕或打嗝）及痉挛……出小水疱及溃疡，七到十天后若还未死于虚弱，则开始严重腹泻……"

这段对流行病病征的翔实描述，让现代感染科医生及流行病学专家可据此推测当时发生的是什么传染病。1996 年，美国圣迭戈大学帕特里克·奥尔森（Patrick Olson）等人就认为，这些症状和现在非洲流行的埃博拉病毒所引起的症状非常相似，提出发生在公元前 5 世纪雅典的流行病是由埃博拉病毒引起的。这个假说和修昔底德指出的这种疾病是由非洲埃塞俄比亚经埃及、利比亚传来的说法吻合，因为近代的埃博拉病毒也是在那附近发现的。

这只是猜测，有人赞同，也有人抱持不同的看法，认为修昔底德说的是斑疹伤寒（typhus），还有人认为，埃博拉的死亡率应该比修昔底德所说的 30% 高，因而猜测可能是流感、黄热病病毒或登革热病毒所引起的。总之，这场发生在公元前 5 世纪一场影响人类历史的战争中的传染病，用现代医学眼光看，像是一种病毒引起的传染病。1998 年，考古学家在雅典发现一个可能是埋葬当时死于瘟疫的人的大型冢墓。也许有一天，我们可以用先进的分子基因技术，从遗骸中找出病毒的基因序列，验证这项推测。

第 5 章

流感病毒千变万化

流感并不是近代才有的疾病，流感病毒存在于自然界的历史非常久远，因此自有人类，大概就有流感。人类历史上最早记载流感症状的是希腊著名医学之父希波克拉底，他在著作《流行病学》中就描述过公元前412年时的流感，中国早期医学著作《黄帝内经》及东汉张仲景的《伤寒论》中也都提到了类似流感的症状及其治疗方法。

现在人们所称的"感冒"一词，最早出现在南宋杨士瀛的《仁斋直指方》，书中指出"和剂局方"可以"治感冒风邪，发热头痛，咳嗽声重，涕唾稠黏"。到了清朝，医学家林佩琴在他的著作《类证治裁·伤风》里称这个流行病为"时行感冒"，就是我们所说的流感。

400 年来的流感大流行

关于这个流行病，西方最早有记录的是在 1173 至 1174 年于欧洲暴发的流感。而据日本人的研究，从 862 到 1868 年在日本总共发生 46 次流感的传染病；过去 400 年，世界大约有 12 次流感大流行。

1874 年的流感，可能是由 H3N8 的病毒引起的（后面会详述 H 和 N 各代表的意义）；1889 年到 1890 年从俄国南部（今乌兹别克斯坦）暴发的 H2N2 病毒流感大流行，首先在 1890 年 5 月西传到俄国，10 月时才传到俄国南部的高加索，但不知道为什么突然向西快速蔓延，很快在两个月内就跨过大西洋传到北美及南美洲，这个病毒也向东快速跨海远传到澳大利亚，许多地方的发病率高达 40% 至 50%，造成重大伤亡，现在猜测这个病毒是 H2N8 的亚型。

20 世纪的大流感有四次：1918 年的"西班牙流感"、1957 年的"亚洲流感"、1968 年的"香港流感"，以及

1977 年的"俄罗斯流感"。

　　流感病毒是 1933 年由英国医学研究会的两位研究员克里斯托弗·安德鲁斯（Christopher Andrewes）、威尔逊·史密斯（Wilson Smith）发现的。流感病毒的自然宿主是野禽，流感病毒和禽鸟已经共存了很长的时间，因此通常不会给禽鸟造成疾病，但从禽鸟来的病毒却可以感染很多动物，如猪、狗、猫、马、海豹、鲸以及人类等。

　　我们现在知道，在欧亚之间或在美洲横向迁移的候鸟一般不会散播流感病毒，但南北迁移的候鸟则会把病毒散播给其他动物。流感病毒从禽鸟转到哺乳动物时，受到新环境的挑战就开始产生各种变种，因此经常让被感染的哺乳动物产生疾病。

　　人们 1986 年在一只鲸体内发现的 H13N2 与 H13N9 病毒，可能就是海鸥传给鲸的。1979 年至 1980 年，以及 1982 年至 1983 年，美国东北海岸就发现有大量的海豹死于 H7N7 禽流感病毒引起的肺炎，但与这些病死海豹接

触的人只有眼结膜受到感染。

　　因为禽流感造成的恐慌，媒体开始大篇幅报道禽流感病毒，其中大家最关心的是一种叫作 A 型 H5N1 的流感病毒，但究竟什么是 A 型 H5N1 的流感病毒？它和其他流感病毒有什么不一样？为什么让大家这么害怕？它有什么特性？为什么这么难缠？有什么弱点可以让我们制服它？要了解这些问题，必须先介绍流感病毒的构造及种类。

　　流感病毒的构造相当不规则，在动物或人身体活检样本中得到的病毒是长条形的构造，但在实验室培养出来的病毒则是不规则的球形颗粒（图 2-4），每一颗颗粒大约 100 纳米大小，病毒的最外层是一个从感染细胞得来的双层脂膜，膜上面有三个重要的蛋白质。其中一个叫作血凝素（hemagglutinin，以下简称 H），大约有 500个分子，是病毒用来感染细胞的非常重要的武器；还有一个叫作神经氨酸酶（neuraminidase，以下简称 N），大约有 100 个分子，它是帮助病毒散播的工具。H 和 N 这两个蛋白质是流感病毒的最重要致命武器。我们现在在媒体上看到的流感病毒名字，都是用病毒这两个重要武器的分类来命名的，H 及 N 后面的数字是代表第几种 H

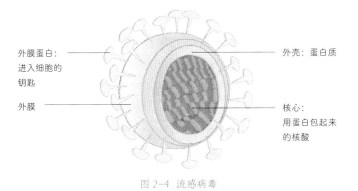

外膜蛋白:
进入细胞的
钥匙

外膜

外壳: 蛋白质

核心:
用蛋白包起来
的核酸

图 2-4　流感病毒

或 N，我们后续还会详细向读者介绍。

　　流感病毒的第三个膜上的蛋白质称为 M2，这是一个离子通道，可以让氢离子从膜的外面流到膜的里面，使病毒里面的酸度增高，来改变病毒内部蛋白质的构象，以为进入细胞后开始复制病毒做好准备，这个分子也会协助病毒进入细胞，并帮助病毒从被感染的细胞里释放出来。因为这个蛋白质和病毒感染过程关系密切，因此早期研发出来的抗流感药，就是用来抑制这个离子通道的。

　　病毒的膜下有大约 3 000 个叫作 M1 的蛋白质，或叫作膜蛋白，这是流感病毒基因的保姆，也是决定病毒形状的重要分子。

最里层才是病毒的遗传物质。流感病毒的遗传物质，特点是由 7 或 8 条单链的 RNA 组成，A 型病毒有 8 条 RNA，每一条 RNA 上都被蛋白质包起来以起到保护作用，另外还有一些病毒复制所需的酶及调控蛋白，这是病毒进入我们细胞内要启动感染及病毒复制过程的重要开关。最近研究者就发现，这些蛋白，与病毒可以从一种动物转去感染另外一种动物有关。

鸭的 H5N1 病毒本来不会感染小鼠，但若病毒里面的一个调控用的蛋白 PB2 发生突变，这个病毒就可以去感染并杀死小鼠了。

从禽流感到猪流感，有如病毒的走马灯

流感病毒可以分成甲、乙、丙、丁四大类型，这四类是根据病毒内部蛋白的不同免疫性质来分类的。丙型病毒会感染人、猪及狗，比较少见，对人的影响很小，通常只会感染幼儿；丁型病毒通常感染猪和牛；乙型病毒是专属人类的病毒，但对人引起的病状不太严重，而且不会在其他动物里生长，所以很少发生基因变异。大家最关心的禽流感病毒则属于甲型病毒。甲型病毒是广

泛存在于各种动物里的病毒，可以感染禽鸟、猪、马、海豹、鲸和人类等，但最主要的是从禽鸟传给其他动物。

流感病毒还有两个远亲，一个是在非洲发现的病毒，叫作索戈托病毒（Thogotovirus，有 7 条 RNA 片段），这种病毒是经由跳蚤传染的，会感染牛、羊及人类，造成脑膜炎；另外一个则是感染鱼类的鲑传贫病毒（Isavirus，有 8 条 RNA 片段），这种病毒会感染鲑鱼造成贫血，对于鲑鱼养殖业是相当严重的病原。

甲型病毒又可以用露在病毒外面的 H 及 N 蛋白分子的种类来分类。现在已知有 16 种不同的 H 蛋白，有 H1、H2 及 H3 的是会感染人类的病毒，带其他种类 H 蛋白的则属于感染动物的病毒；N 蛋白则有 9 种。H 及 N 蛋白因为暴露在病毒的表面，因此在感染动物或人类时会被身体的免疫系统侦测到是外来的敌人，继而引起免疫反应，免疫反应产生的抗体会分辨不同种类的 H 及 N 蛋白，因此我们就用这些抗体来作为病毒分类的工具。

其实以 H 及 N 来叫病毒就像叫我们的姓一样，同一个叫作 H5N1 的病毒里面其实包括非常多的变种，就像兄弟姊妹虽然同姓，但行为及特质都有些不同。所以当你下次看到 H5N1 病毒的时候，要知道这个名字并不是指一个特定的病毒，而是一群很类似的病毒。

H5N1 只是用免疫方法对禽流感病毒分类后我们对其中一类病毒的统称，但不表示所有的 H5N1 病毒都是一样的恶毒，就像不是所有家族成员都有相同的性格一样。H5 或 N1 分子也会有一些不同的变异，造成有的 H5N1 病毒的毒性比较强，有的则比较弱，有时候毒性强的会突变使毒性降低，有时候毒性弱的突然变强，有时候基因突变会造成病毒可以感染其他的动物，这是因为基因突变导致 H 或 N 蛋白分子性质改变。这些流感病毒的千变万化，是最让我们头痛的问题。

1918 年的西班牙流感是人类有史以来规模最大的传染病，全世界在短时间内有 2 000 万至 5 000 万人死亡（也有说是 1 亿人）。1957 年的亚洲流感病毒是 H2N2 型，最早在中国贵州出现流感暴发，4 月传到香港，然后快速传到东南亚、日本、北美洲及南半球各地，造成大约 200 万人死亡（也有一说是 1 500 万人），美国死亡人数是 7 万人，大部分是老年人，但不知道为什么，在流行刚开始的时候，死亡的大都是在 65 岁以下的人。

后来发现，这种新病毒的基因中有三个来自鸭子的病毒，其他五个来自人类的病毒，显然是一个经过重组的新病毒，但我们不知道这个新病毒是在什么情况下产生的。1962 年在日本及 1964 年在台湾地区流行的，也是亚洲的 H2N2 型，所以这个病毒是在 1957 年大流行后潜伏了一阵子后才又出现的，但已经和原来 1957 年的病毒有些不同了。

1968 年在香港造成大流感的是 H3N2 型，全球总共 100 万至 400 万人死亡。基因分析发现，这种新病毒也是一种重组的病毒，病毒的两个基因是从鸭子来的，其他六个基因则是从当时在人类间传播的人类流感病毒得来的，而且这个病毒可能是从 1957 年的 H2N2 病毒演化过来的。这一次大流行中美国有 3 万多人死亡，但很特别的是，这一次大流行中老年人死亡人数比较少。这可能是因为 H3 是属于人类的病毒，而 H3 病毒于 19 世纪末时在美国流行过，因此 1968 年时很多老年人（1892 年前生的人）可能已经有 H3 抗体，于是受到了保护。

H3N2 这个病毒在 1975 年至 1980 年再次出现，直到现在仍然是造成流感的主要病原体，每年有不少人死于这种病毒的感染。因此美国疾病控制与预防中心（CDC）建议 2005 年至 2006 年的疫苗需要包括这种病毒。

1977 年 11 月到 1978 年，苏联发生大流感，许多 25

岁以下的青少年和小孩都感染了 H1N1 流感病毒，但病情普遍不严重。这种病毒在 20 世纪 50 年代在世界各地流行，大概是因为如此，年纪大于 25 岁的人基本已经有病毒的抗体，所以就没有生病。这是老病毒再出来作怪的例子之一。同一亚型的病毒在 1977 年 5 月在中国出现，很快向南在 7 月传到中国各地。11 月，流感在苏联的西部暴发，病毒很快就跨过白令海峡东传到阿拉斯加，然后传到世界各地。但因为它只影响年轻人，而且病情并不严重，有人不认为这次流感可以被称为大流感。

　　1918 年大流感中的病毒是 H1 型，1957 年是 H2 型，1968 年是 H3 型，在 1976 年美国新泽西州流行的是 H1N1 型，1977 年俄罗斯流感也是 H1N1 病毒造成的，各种亚型轮流出现，看起来好像是病毒的走马灯一样。以前有人就根据这个现象猜测下一轮的大流感是 H2 型，不过到现在还没有看到它的踪影（除了上述在日本及台湾地区出现的小流感）。2009 年又有一次大流行，但这次又是 H1N1，在全球造成 7 亿至 14 亿人感染，15 万至 58 万人死亡，之后每年平均有 3% 至 15% 的人受到感染，29 万至 65 万人死亡。

在没有病毒流行的时候，病毒跑到哪里去了？

科学家发现，流感病毒好像会怕热。因此北半球冬天时，便到北半球过冬，造成北半球的感染，到了北半球的夏天，怕热的病毒就赶快到南半球去过冬，在南半球产生流行病。因此流感病毒会在南北半球中间循环，南北半球流感的高峰相差六个月，这大概就是为什么我们通常在夏天看不到流感病毒引起的流感——因为它跑到澳大利亚及新西兰去度假了。

其实，在两个流感高峰之间，病毒还存在于人的身体里。身体比较强壮的人在感染后并没有生病，但有些狡猾的病毒却还是藏在这些人的身体里，在那里调适休息，并且产生很多变种，等待冬天再次来临时又跑出来作怪，从这些原来没有什么症状的人的身上传给别人。这时候身体状况比较差的人就倒霉了，轻的流鼻涕发烧，重的不幸死亡，而且还会把病毒传给别人。

这种现象每年都在重复，这就是为什么流感的发生很有规律，但我们现在还不太清楚为什么每年出现的病毒总是有些不同（其实我们也并不知道是不是所有的人都是受到相同的病毒感染的），可能是病毒轮班休息吧。

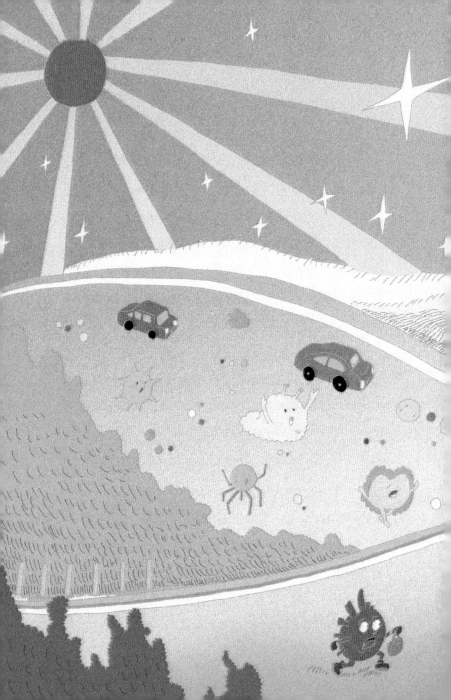

到了北半球的夏天，怕热的病毒赶往南半球。

但病毒的感染有个重要的特点，那就是放大效果。如果有一个人因为身体状况不好，致使他身体里的那一种病毒开始大量复制并开始快速传播，那你就会看到这个病毒会抢先在人群里传播，其他晚一点出现的病毒就不明显了。这就像烧火，先点着的火会先把可烧的东西烧掉，晚一点点着的火就没有什么可以烧的了。哪一个会先出现是随机的，而且每一个地方出现的病毒可能会有些不同，因此卫生部门很难预测哪一个病毒会在下一个流感季节出现。

但是了解病毒如何在人类中间循环，是公共卫生很重要的议题，只要知道这个秘密就可以预先防范病毒了。

病毒也可能跑到别的动物那里先躲起来修炼"武功"，等待机会来时重现江湖。20世纪50年代出现的H1N1在1977年重新出现，1968年出现的H3N2在三十年后再次出现。这些病毒在这段时间是藏在猪的身体里休养的，或许因为猪没生病，以致我们没去注意。后来，这些病毒找到机会重新找上我们，然后一传十，十传百，又成为新的传染病。

流感会一拨一拨地每年定期出现，每年被病毒侵犯的人死去以后，剩下的人有的抵抗力比较强，有的没被感染到，有的用疫苗或药物阻止了病毒复制，于是病毒无法再繁殖了。但病毒并未从人群中消失，当被病毒感染致病的人数再增加到一定的密度时，潜伏的病毒又会出来散播疾病，造成一拨一拨的感染形态。

猪和流感病毒

对人而言，猪可能成为毒力强大的流感病毒的源头。因为猪有鸟类和人类流感病毒的受体，可以同时被这两类病毒感染，产生鸟类与人类病毒的重组病毒。这让猪很可能成为制造攻击人类的病毒的温床，因此我们对猪流感病毒的侦测也是相当重要的。人们最早发现猪感染流感病毒，是1918年西班牙大流感的时候。在美国、中国大陆及匈牙利都有人发现猪得了像人类流感的流感疾病，后来的分析果然证实，当时感染人和猪的都是H1N1流感病毒。

当时美国兽医发现，猪流感比人的流感晚出现，因此猪的流感有可能是由人传给猪的。1976年美国迪克斯军营发生流感，结果发现引发这个传染病的是当地感染H1N1病毒的猪，而屠宰场的工作人员中20%的人已有这个病毒的抗体，显示这个猪病毒很容易感染人。2002年在中国大陆南方也有 H1N1 病毒在猪身上流行，现在除了 H1N1，还有 H1N2、H3N2 的病毒在流行。

H1N1 曾经于 20 世纪 50 年代在欧洲的猪中出现，但突然消失，一直到 1976 年才又在意大利出现，然后快速传到欧洲各国，造成大部分的猪都受到感染生病，但死亡率很低。欧洲的猪中有 20% 至 25% 都有这个病毒，现在世界各地的猪当中都有 H1N1 病毒在流行，但这个在欧洲发现的病毒和以前在美国发现的病毒不一样，反而和在鸭子体内发现的 H1N1 病毒比较类似，很可能是从农场的鸭子传给猪的。

1918 年的大流感发生后，美国一些科学家认为，猪的病毒可能是这个大流感的元凶。他们之所以这么猜测，是因为美国 1918 年的大流感是从堪萨斯州开始的，而当地有很多人养猪。他们调查的结果发现，如果猪只是感染流感病毒，不会有明显的病状，但若同时被病毒和细菌感染，就会生病。现在我们知道，猪和人一样，在平时就有不同流感病毒在其间传播，当有其他因素降低了猪的免疫力（例如细菌的感染），就会产生猪的流感传染病。

猪受到感染后，会出现流鼻涕、咳嗽、发烧、呼吸困难等症状，有时也会产生结膜炎，但一般而言猪的病状都不很严重。

　　真正让大家警觉，发现人的流感病毒会传染给猪，是 1970 年时在台湾地区猪只中发现的香港型的 H3N2 病毒（这种病毒不会在猪体内产生疾病），H3N2 是人体常见的病毒，因此猪的病毒可能也是从人传过去的，后来的研究在各地的猪身上也都有发现这种病毒。1973 年还有人在欧洲的猪身上发现一种已经在人体内消失的 H3N2 病毒亚种。很多中国大陆及美国的猪都受到了流感病毒的感染，而且病毒会传到人身上。

　　日本最早发现在猪体里有 H3N2 病毒与 H1N1 病毒的重组病毒 H1N2，台湾地区在 2003 年也在猪体内发现 H1N2 及 H3N1 的新混种，2004 年在韩国发现的新 H1N2 病毒就变得比较凶猛，会引起猪的肺炎。

　　2001 至 2002 年，H1N2 的病毒曾在世界各地造成人的感染。2001 年日本横滨就发生过人被感染的事件，感染生病的基本是年轻人。

　　2004 年越南暴发禽流感，人们发现大约有 0.25% 的猪感染了 H5N1 病毒，但不会传染，在中国东北也发现猪受到了 H5N1 的感染，但也都没事。看起来这种在鸡和人类里穷凶极恶的病毒，到了猪身上就变得温驯多了，也许我们可以从猪那里学一学怎样驯服这种可怕的病毒，好应对可能会出现的大流感。

史上最致命的流行病——1918 年流感

I had a little bird, Its name was Enza,

I opened the window, And in-flu-enza.

窗外有只小鸟，它的名字叫恩萨，

我打开了窗户，却发现它是流感。

——1918 年全球流感大流行时期的美国童谣

　　1918 至 1919 年的流感大流行，是人类史上最严重的流行病，全球共有 20 亿人受感染，死亡人数在 2 000 万到 5 000 万之间，有人甚至认为全球死亡人数超过 1 亿人。单单印度就死了上千万人。美国在一年内就死了 50 至 60 万人，连总统伍德罗·威尔逊都受到感染，当年美国人的平均寿命更因此减少 10 岁。在英国有 22.8 万人死亡，多是 20—40 岁的年轻或壮年人，而且和当地的人口数有关；德、法及意大利各有 28.7 万、25 万及 46.6 万人死亡；西班牙也死了 26 万人，包括他们的国王——欧洲总共死了 270 万。虽然没有直接参战，但日本也死了 39 万到 48 万人，而且很多都是年轻人。这一轮大流感也传入台湾地区，在当时造成约 4 万人死亡。可以说它是人类史上最严重的流行病灾难。

flu（流行感冒）是 influenza 的简称，而 influenza 是从意大利文来的，拉丁文的原文是 infuencia，原义是"影响"（influence），但含有"天上来的（灾难）"之意。古人认为灾难和天象有密切关系，相信星球可以发出或放出（fluere）影响地球上现象的东西，这种思想在中国历史上不胜枚举。"灾难"的英文 disaster 就是"dis"（恶），与"astar"（星球）的组合。1743 年，意大利人称欧洲感冒大流行的灾难为"influenza dicatarro"，就是大灾难的意思，并非单指流感这种病产生的灾难，但从此这个词就被用来代表流感。

德黑许（Hadayat Dehesh）提出另一种说法，他认为 influenza 这个词的起源应是阿拉伯词汇"anfalanza"，"anf"是鼻子，"alanza"是羊，这个词用来描述流鼻涕的羊。

历史上第一次记录流感的，大概是医学之父希波克拉底在公元前 400 年所写的《瘟疫》。

传染病源是从哪里来的？

　　我们不太清楚 1918 年流感大流行的起源，当时第一次世界大战还在进行，大家对于初期发生的感冒都不太注意。这个流行病被称为"西班牙流感"其实是误会。西班牙没有参加第一次世界大战，西班牙国内媒体大篇幅报道发生在本地、短时间内有 800 万人染病的流感，使得许多人误以为这个在世界大流行的传染病是从西班牙开始的。苏俄《真理报》第一次报道苏俄的流感时，就以"西班牙流感来了"的标题形容传到苏俄的流行病，"西班牙流感"也演变成这次大流感的专有名词。

　　1918 年大流感暴发，可能受到了第一次世界大战的影响，交通工具改良也使得世界人口流动大增。战争期间，在流感大流行的前一两年，英、法流行一种气管炎。战争时期卫生条件低下，而欧洲战场的特点是堑壕作战，士兵长期处在环境及卫生条件极差的堑壕内，非常容易传播疾病。士兵往返战场及家乡，也把病毒散播到世界各地，造成全世界大流行。

这项假设是有根据的。现在回头比较大流行之前英、法流行疾病的特殊病征，例如皮下出血，病症和后来在全世界大流行的流感很像。但若要更进一步的证明，可能需要利用现代分子遗传学的技术，比较两种病毒的基因序列。后来甚至有传言指出，这种病毒是德国研发的生物战剂，这种说法较不可信，因为当时的生物科技还不具备研发生物战剂的能力。

　　另一种说法指出，1918 年流感是从美国散播出去的。1918 年的流感最早是在美国发现的。根据记录，堪萨斯州的赖利堡（Fort Riley，当时叫 Fort Funston）可能是美国最早发生流感的地方。1918 年 3 月 11 日星期一，一位伙食兵发烧、喉咙痛并头疼，接着有 107 名士兵也发生类似的病状，病情迅速蔓延，死亡人数也快速增加。这些人很快死于奇特的肺炎，肺内常有积血，病人从口或鼻喷出血液，非常可怕，身体有出血的现象，当时被称为"紫色死亡"。但此时大家的注意力都在世界大战，一个小地方的奇怪流行病并没有引起其他地方的注意。接下来的两个月，美国又派遣 10 万至 20 万名士兵前往欧洲战场，当中很可能已有不少患流感的士兵。紧接着英国及德国军队相继发生传染病，而且散播至欧洲各地。

传染病源是从哪里来的？有一说是从军马传给士兵的。在传染病发生前两天，士兵在军营内焚烧大量马粪时，突然发生很大的沙尘暴，把军营弄得肮脏不堪。在清理军营时，有些从未接触过动物的士兵很可能被马粪里的病毒感染而发病。军营士兵近距离与长时间的接触，更使感染很快散播开来，造成严重的传染病。

认为马是流感的元凶，并非没有根据。英国在1657至1760年间发生的五六次流感之前，都曾发现马的呼吸道疾病。法国兽医也注意到，1889年的流感与1918年大流感发生前，马都有类似感冒的症状，而且1918年的马瘟特别严重。更有趣的是，法国科学家发现，马的疾病也是滤过性病毒引起的，而且马的血清居然可用来治疗流感病人。美国一位军医也指出，人与马有非常类似的病征。

但1918年大流感的病毒是否真是由马传染给人，没有人再做研究，后来科学家都把注意力集中在猪（美国中部饲养了很多猪，而流感是从这里开始的）或鸡的病毒。现在研究者认为禽类是所有流感的祸首，由野禽传给各种动物，再由动物互传。而且，连鲸体内都有流感病毒，不知道它打喷嚏时是什么样子？

官员轻敌，应变不足

　　1918 年大流感很快散播到美国七个州，但也很快在两三个月后就平息。影响人数不多，死亡人数也很少。第二波感染则在 8 月开始。首先，8 月 27 日，波士顿港有多位船员病倒，疾病很快在波士顿散播。到了 10 月初，一天之内已有近 300 人死亡，其他城市也相继沦陷。

　　这次传染病最特别的是，病毒对活力最强的 20 岁至40 岁青壮人口影响特别大，这个年龄段的死亡率也最高。这与一般流感传染病比较容易伤害老年人及幼儿的情况大不相同（图 2-5），原因到现在还不清楚。当时死亡率

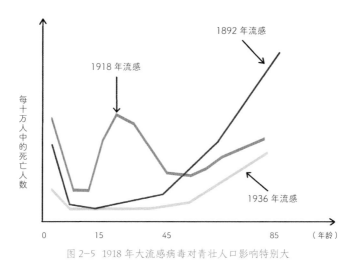

图 2-5　1918 年大流感病毒对青壮人口影响特别大

非常高，主要原因之一是医护人员被调去参加第一次世界大战，医护人力严重不足，各大都市的主管卫生单位也掉以轻心。纽约市的卫生主管在大流行发生后公开宣称："这个流行病一点都不危险。"

事实上，2018 年 10 月纽约市死亡人数超过 1 万人（全美则是 20 万人）。流行期间，平均每 1 000 人中就有 4 人死于流感。政府应变不足，以及官员轻敌的故事，总是在大流行时重演。1918 年大流感第二轮感染与第一轮相隔五个月，而且第二波感染并非由邻近的堪萨斯州开始，而是从东部的几个海港开始的。因此，有可能是从欧洲战场回国的士兵把病毒从欧洲带回了美国。

当时正值第一次世界大战，这次瘟疫使作战双方的士兵病死的比战亡的还要多（美国士兵几乎有一半死于流感），生病者更不计其数。这对战争的影响很大，甚至可能是战争不得不结束的原因之一，不然历史可能会被改写。

另外，较不为人所知的，是这次流感对签署第一次世界大战和约的影响。第一次世界大战结束后，美国总统威尔逊对战后的世界和平抱持很高的理想，前往欧洲参加凡尔赛会议前，发表了著名的"十四点原则"，第十四点是要维持各国的独立及领土完整。他在1917年对美国国会的著名演说"没有胜利的和平"（*Peace without Victory*）中指出，各国只有在平等的立场上才会有长久的世界和平，以战胜国的立场加诸战败国的和平不可能持久。因此，他在凡尔赛的美、英、法、意四强和谈会议中，坚决反对对战败的德国要求惩罚性的赔偿。但当时帝国主义盛行，英、法坚持殖民利益，并且对战败国，尤其是德国，要求巨额赔偿及割地。会议一度陷入僵局。

不幸的是，威尔逊在这个关键时刻染上流感（英国首相乔治及法国总理克里孟梭也都被传染而生病）。根据后来医生的诊断，他的病可能是流感引起的脑炎。这导致威尔逊最后没能坚持世界和平的理念，在不得已的情况下，让德国签下极为苛刻的《凡尔赛和约》，埋下第二次世界大战的种子。

一个病毒的影响竟如此之大！威尔逊在订下条约后曾说，他要是德国人，绝对不会签字。美国后来与德国另订定了不赔偿的和约。

找寻病原体

找出1918年大流行的病原体，是许多科学家及医疗

人员努力的方向。对病原体的认识，有助于做好预防及
治疗下一轮大流行。

　　1918 年大流行时，可能因为大家对病毒还不很了
解（最早发现可通过滤器的病原体，即病毒，是在 1898
年），当时很多人推测病原体可能是一种细菌，甚至认为
是被称为菲佛氏杆菌（Pfeiffer's bacillus，又称流感杆菌）
的病原体。1882 年，微生物学家理查德·普法伊费尔
（Richard Pfeiffer）宣称发现了 1890 年流行感冒的病原体，
有医生开始用这种病菌的疫苗治疗病人，却发现没效。
美国的研究者约瑟夫·戈德伯格（Joseph Goldberger）为
了找出病原体，利用马萨诸塞州的"志愿"囚犯做实验。
这种以囚犯或志愿者做医学实验的做法，至少延续到 20
世纪 60 年代。美国恶名昭彰的梅毒实验就是一例。黄热
病病毒的发现，则是医生用自己做实验，前面提到的里
德少校就因此影响了健康。

　　"志愿的"囚犯被集中送到波士顿港内的盖洛普岛，
为了证明流感杆菌是病原体，医生给囚犯注射病人血液。
奇怪的是，实验中的囚犯全都安然无恙，反而是负责的
医生得了流感死亡。更奇怪的是，他们将囚犯送到一家
医院，让囚犯与病人共处，甚至让病得很重的病人对着

囚犯咳嗽，他们仍然没有得病。到底是什么因素让这些囚犯不会得病，至今仍是个谜。至于是否注入囚犯体内的病人血液已经有对抗病原体的抗体，使囚犯具有了抵抗力，则只能猜测了。

科学家推测1918年流感是一种流感病毒所引起，因为后来发生的大流感都是由这类病毒引起的，而且有很多相似的病征。另外，人在幼年时期若曾受病毒感染，免疫系统会记得。所以，科学家通过测试疫区在1918年出生者血液中是否仍有抗流感病毒的抗体，以及免疫学的方法，推测当时流行的是哪一种流感病毒。这项实验虽然无法完全证明流感病毒就是1918年大流感的元凶，但显然符合并支持这项推测。

为了进一步证明这项推测，1995年，任职美国三军病理研究所的病理学家杰弗里·陶本伯格（Jeffery Taubenberger），从美国陆军医学博物馆找出死于1918年流感的军人肺部标本及组织切片，再以聚合酶链反应（polymerase chain reaction，简称PCR）技术，成功地将病毒的不同基因片段找出来，并确定这些基因的核酸碱基序列。

这个工作让科学家相信，基本上，病原体就是流感病毒，但到底是人类或动物中的哪一种流感病毒，至今尚无定论。初步的核酸序列分析认为，1918 年流感病毒的基因可能来自一种以前没有见过的鸟类新兴流感病毒；另一种说法则认为，它是猪与人类流感病毒基因交换后的新品种。但经过基因序列的详细比对后，发现并非如此，它很可能是人类流感病毒的一个变种。遗憾的是，科学家现在仍然无法得知它是从哪里变出来的。

重组流感病毒基因

为了解这种病毒比其他流感病毒对人类伤害更大的原因，纽约西奈山医学院教授克里斯托弗·巴斯勒（Christopher F. Basler）以基因重组技术，成功地用 1918 年流感病毒的三个基因替换了小鼠的流感病毒基因，制造出带有 1918 年流感病毒表面蛋白的病毒，以研究致病机制。他们发现，新病毒会杀死小鼠，但若在感染前一天先给小鼠罗氏药厂的抗流感药物则可防止小鼠死亡。这显示了，令人害怕的 1918 年流感病毒若卷土重来，我们可能已有有效药物可以对付它。

PCR 技术只能找出病毒的基因序列，无法得到完全的病毒。完整有功能的病毒不但要有核酸，而且要带有外壳。因此，20世纪50年代美国曾计划从埋在阿拉斯加冻土层里带有1918年流感的尸体，找回原来的病毒，在实验室培养，研究它的性质，但因尸体情况太差而作罢。后来艾奥瓦大学再次尝试，也没有找到病毒。

几年前，加拿大科学家柯丝蒂·邓肯（Kirsty Duncan）发现，挪威一座位于北极圈内的小岛上埋有7名在1918年死于大流感的矿工，建议从埋在冰下的尸体找回1918年的病毒，由于这个"复活"的病毒可能再次造成大灾难，所有实验都是在最严谨的生物安全措施下进行的。

科学家从当年死于这个流感的冰封尸体身上采集这种病毒的基因片段，经过一番努力后终于在2005年10月6日把这种病毒的基因序列拼了出来，结果证明它是一种H1N1型的禽流感病毒。这个病毒基因的突变位点和现在亚洲流行的H5N1病毒的基因很像，但它之中的一个基因（包着病毒RNA的蛋白基因NP）和禽鸟及人的病毒的关系比较远，不知道是从哪一个动物重组来的，这个H1N1病毒在1933年第一次被发现，在1947年及1977年再次出现。

有科学家认为，1918年流感病毒的来源是中国大陆。这个想法并没有实际证据，只是一种推测。病毒的源头恐怕要到我们对流感病毒的演化历史，以及人类病毒与动物病毒的关系更加清楚后，才能厘清。

为什么那么严重？

　　1918 年流感有几个很特别的地方：第一，死亡率高达八成，比其他流感大流行的死亡率高出很多；第二，一般的流感中死亡的大都是幼儿及老年人，但这次却以 20 岁至 40 岁的年轻人居多；第三，病人的病情会迅速恶化。

　　根据当时的诊断及解剖报告，病人肺部水肿很严重，有出血现象，肺部发炎严重，有很多白细胞，却没有细菌踪影。这个结果与其他流感的病理特征不太一样。

　　病毒引起的肺炎中常可看到细菌的第二波感染，通常是肺炎链球菌，以及金黄色葡萄球菌。1918 年流感病理检测结果的解释是，这次流感的肺炎属于比较少见的纯粹病毒性肺炎。这种肺炎的死亡率比有第二波细菌感染的肺炎高，可能是 1918 年病毒繁殖速度太快，造成肺黏膜上皮细胞的免疫求救信号太过强烈，导致免疫系统的过度反应，血管扩张使大量的白细胞及血液跑进肺部，有时连红细胞也进入肺部造成出血现象。这些被征召的白细胞会发出许多引起炎症反应的物质，导致严重而没有细菌的肺炎（严重积水造成的肺炎就是非典型肺炎）。快速严重的积水造成呼吸困难，以致病人死亡率很高。

相反的，有细菌的第二波感染的情况，可能是因为病毒的毒性较低，引发黏膜免疫系统不平衡，使原来住在呼吸道的细菌大量繁殖而产生肺炎。这种肺炎的治愈率较高，因为发病比较缓慢，而且细菌可用抗生素消灭，病人比较容易康复。

这可以解释为什么1918年流感开始时死亡的基本是年轻人（免疫力较强），而后来的流感中大都是免疫力较差的幼儿及老人死亡率较高。

各地区的死亡率变化很大，最特别的是美属萨摩亚（American Samoa，死亡率：0/1000）和西萨摩亚（死亡率：236/1000），美属萨摩亚很早就开始隔离，而西萨摩亚没有，而且没有近代医学。大洋洲有40%的人口感染，但只有13 000人死亡（死亡率：233/100 000），而且塔斯马尼亚岛（Tasmania）因为早开始隔离，死亡率只有1/1000，大洋洲的低死亡率很可能是因为军医给一些士兵打了肺炎疫苗。而死亡率最高的是美洲、大洋洲的原住民，可能是因为他们没有医疗机构的照顾。

大部分感染这种病毒的人，只要在家躺几天就好了

（当时叫三天感冒），显然很多人对这种非常厉害的病毒
有抵抗力。但这些人为什么没有治疗，也很快就康复？
是因为有毒性较低的病毒同时存在？或是各人的免疫力
不同？或许我们也应该研究这个问题，而不是只把注意
力集中在死者的病理特征上。最近也有报道认为，这次
流感与心脏疾病有关，病毒感染的后遗症也是我们应该
注意的问题。

每年流感的特性

北半球的流感季是 11 月到 4 月之间，南半球则在 5
月到 10 月之间（这是因为地轴与运行轨迹平面有 23.45
度的倾斜角），流行时间一般在 6—7 周，而且会有一个
高峰期（钟形分布曲线），在流行期间可能会有 20% 至
50% 的民众受到感染，大约会有一半的人并没有什么症
状（但仍然有些人会制造病毒并传染给别人），受到感染
的人以小孩居多，约有一成到四成的小孩会被感染，但
老年人及患有心肺疾病、免疫功能失常者也是危险人群，
大部分死亡的人都是年纪超过 65 岁的老年人，这是因为
老年人免疫功能不平衡，造成产生免疫反应分子（比如

IL-2）的能力降低，被引发的炎症反应又难以受到调控恢复正常。

感染的潜伏期是一到两天，生病的最初三天是病毒量最多，也是最容易传染病毒的时候。大人通常5—7天可以复原，小孩生病的时间会比较久。小孩是主要的病毒散播者，生病比较久的小孩会继续散播病毒。

流感每年都会造成不少人死亡，在美国及西欧国家每年大概有三四万人死于流感，从1972到1997年这26年的统计数据显示，美国每年平均每1百万人中有26人死于流感，法国则是39人，澳大利亚只有13人（可能是由于地广人稀）。流行感冒的时间在美、法两国都是11—12周，但在澳大利亚的流行时间只有9.6周，很特别的是美、法流感高峰时间在这26年间非常接近，同步性很高，澳大利亚因为是在南半球所以相差了6个月，值得注意的是在1990年前澳大利亚的疫苗注射率只有美、法的一半，死亡率却比较低。所以，从这个数据来看，疫苗至少似乎和流感的死亡率多少没有很大的关系，这是值得深思的。

流感季节有好几种病毒在流传

流感病毒在自然界都是多种亚型同时在传播，病毒会与人和动物共存，在这些持续感染的情况下，病毒随时在改变它的基因，以便适应将来可能会遇到的新环境。比如 20 世纪 30 年代在猪体内发现的 H1N1 病毒就一直在产生变种，而且这些不同的变种会同时在猪群里传播，等到有机会就会产生疾病或者跳到别的宿主身上去感染。

在流感流行季，也是有好几种病毒在同时传播。根据台北荣总的资料，台湾地区从 1977 至 1993 年流行的流感病毒，有 56.3% 是乙型病毒、12.1% 是 H1N1、28.1% 是 H3N2。美国 2005 年对于在纽约州传播的 207 种 H3N2 及 2 种 H1N2 流感病毒做大规模的测序，结果发现有多个病毒族群同时在纽约州流行，一个病毒会在流感流行期间或其他时间产生多种突变，而 H3N2 及 H1N2 病毒也会交换基因产生重组病毒。

这个结果很清楚地告诉我们，流感病毒是一个变化多端、非常狡猾的病毒，我们以前用来对付比较单纯的病毒（例如天花）的武器，恐怕不是这个厉害敌人的对手。我们应该赶快研究新的办法来克服这个可怕的敌人。

肺炎：流感带来的杀手

流感病毒通过人的呼吸进入肺部后，就会遇到我们肺部的防卫部队。狡猾的病毒第一步要做的，就是造成我们身体免疫系统的混乱，使免疫反应过度及不平衡，这样它才可以浑水摸鱼，进行感染。

流感病毒造成我们免疫系统混乱的武器，就是在病毒表面的 H 蛋白，这个有多项功能的秘密武器首先要做的就是先解除肺部的警报系统，让肺部的巨噬警察细胞不知道有病毒入侵。巨噬细胞这个在身体各组织器官的驻警，在身体警报响起后会吞食外来的侵略者，因此流感病毒就需要先避过这个防卫系统。拉警报的是一种蛋白质分子，当有敌人入侵时就会在这个分子上加上特殊的糖分子记号，有了这个授权的分子就会去摇醒还在睡觉的驻警细胞，而狡猾的流感病毒就用它的秘密武器 H 蛋白把警报信号的糖分子切掉，使警报失效。

接着这个秘密武器又使出它的第二绝招，就是使免疫细胞放出大量的细胞因子。这些细胞因子本来是用来调节和统筹免疫反应用的，就好像指挥部发出的指令一样，是有规划且有先后次序的。狡猾的病毒故意使免疫细胞放出大量的细胞因子，使免疫细胞无所适从，产生极度的混乱，病毒趁机浑水摸鱼入侵细胞。在1997年及2003年受到H5N1病毒感染的病人，体内都产生了大量的细胞因子。

细胞受到病毒欺骗而放出来的大量细胞因子，会去召集血液中的免疫细胞来帮助对付入侵者，为了使血液中的免疫警察细胞能够赶快进入肺部去对付入侵者，大量的警察细胞进入肺部后不分青红皂白地"乱射子弹"，就会打伤肺细胞，受伤的细胞发出求救信号去召来更多警察细胞，而产生恶性循环的过度炎症反应。

因为血管壁必须先松开才能让血液中的免疫细胞从血管进入肺部，这样会造成肺部积水，就是从X光照片所看到的肺浸润现象。当这种现象发生时病人会呼吸困难，必须借助呼吸机才能呼吸，有时候血液甚至会直接流入肺部，造成病人吐血。1918年的大流感就因为这种严重的症状，病人出血而身体呈紫色，才会被称为"紫色死亡"。

因为流感病毒而患肺炎的人大部分是本来身体状况就不好的人，但健康的正常人大概也占25%，另有13%是怀孕妇女，可能是因为怀孕妇女为了避免伤害胎儿把自己的免疫力降低了。通常肺炎在流感症状开始后 6—24 小时就会发生，在 1—4 天内有些病人就会死亡，复原的病人也需要好几个月才会恢复正常，而且肺部已受到伤害，呼吸功能也会打折扣。

甲型流感病毒造成的肺炎比较严重，死亡率高；乙型流感病毒也会造成肺炎，但通常不会致命。但流感病毒的感染有时候会引发细菌的感染，比如会引起肺炎的链球菌因流感病毒感染造成的免疫系统功能失调而趁火打劫，还有引起脑膜炎的细菌也是如此。流感病毒和细菌一起引发的肺炎死亡率可能会变得很高。

为什么流感病毒变化那么快？没有橡皮擦的抄写笔

对于流感病毒，我们最头痛的是它的千变万化，让我们人类疲于应付。像天花及脊髓灰质炎那样不会变化的传染病比较好处理，只要找到解决办法，就几乎一劳永逸了。因此，要对付狡猾的流感病毒，首先必须了解为什么它有千变万化的本事。

流感病毒千变万化的秘密，关键在于它的基因组特性。流感病毒的基因密码写在 RNA 上，病毒在生长时必须复制这些 RNA 上的密码，但它不像抄写 DNA 密码的机器有侦测及校正抄写错误的功能（这支抄写的笔有橡皮擦，可以把抄错的擦掉重新再写一次），抄写 RNA 的机器抄错时无法更正（没有橡皮擦）。因此 RNA 密码在代代相传时，出错机会比 DNA 密码的错误率高出很多（大约是 300 倍）。

流感病毒每年会产生 0.4%—0.7% 的突变，速度很快（我们的基因突变率只有 0.0 000 001%），这个特性刚好让狡猾的流感病毒利用来改变它的面貌，一方面用来躲避我们的免疫警察，另一方面则是增加感染及复制的效率。当然了，抄写错误是随机的，不是病毒能掌控的。但是病毒的策略是用复制放大的"病毒海战术"效果去克服这个困难，这是生物演化的基本手段，它不管99.999% 的病毒是否都因为抄写错误而死掉，只要还有一颗病毒有办法活着，它就可以用复制放大的功能去制造大量的后代。

病毒在被感染的宿主里，就用这种策略做出很多不同的变种，来适应环境的变化。当在新环境时，其中可以适应的病毒就脱颖而出变成新一代病毒的祖宗。艾滋病病毒那么难对付的一个原因，就是它用这个方式来和

我们的免疫系统及药物进行武器竞赛。当我们才研发出一种疫苗或药物去杀它的时候，它已经又改头换面，让我们辛苦研发出来的疫苗或药物变得无用武之地。

用统计学来推算，如果平均每个病毒里有 5 个突变，那么在 1 亿个病毒里会有 26 个带有 20 个突变的病毒，而当病毒的数目达到 2 000 亿时就会有 2 600 个带有 20 个突变的病毒。所以，只要病毒做得够多，就会有很多的变种产生，这些变种中的任何一个都可能成为生存能力非常强的病毒去产生大量的后代，这个变种就会取代原来的病毒成为新一代的病毒。

流感病毒这种基因的变异大多发生在哺乳动物里，这大概是因为流感病毒在哺乳动物身上的历史还不是很长，因此还处在一个适应的演化阶段。如果流感病毒变化得这么快，是因为 RNA 复制机器没有橡皮擦，那么为什么同样是 RNA 病毒的脊髓灰质炎病毒没有产生像流感病毒那样的千变万化？事实上，脊髓灰质炎病毒的 RNA 也有很高的突变率，只是这个病毒不管怎么变，就是变不出什么新花样，大概是基因之间的配合不够灵活，不然现在使用的萨宾活疫苗就无法使用了。

事实上，RNA 病毒的突变速度和它的宿主有很大关系，同一个病毒在不同的动物或不同的细胞中会产生不同的突变效率。在和它和平共存的细胞里，它会慢慢复制 RNA，所以复制机器出错的概率就比较小，但当它到了一个新环境可以大量快速复制时，那么出错的机会就大大增加了，而且其中的一类变种病毒因为可以适应新环境的压力而变成主要的，流感病毒的情况大概就是这样。因此，我们用细胞来生产活疫苗的时候需要小心考虑这个因素，以防止疫苗病毒变种反而造成疾病。流感病毒比起脊髓灰质炎病毒还有个优势，它是由 8 条 RNA 片段组成的，因此在随机产生突变后比较容易用组合的方式做出一个可以存活的病毒。

流感病毒突变和宿主的营养状况

最近有人发现，宿主的营养状况会影响流感病毒的变异速度，当宿主营养不良时等于告诉病毒该另寻宿主了，于是它就会开始制造不同的变异病毒，以便到新宿主身上时能够适应新环境。有时候，刚好其中一种病毒对于人类的毒性特别高，就会造成让人类恐慌的流感大流行。其实病毒是"无辜"的，它只是想像你我一样在这个世间活下去而已。病毒一定会说："人类，对不起，我真的不是故意的，我没有想到会对你造成这么大的伤害！"

要跑到新宿主那里，病毒第一个要担心的，是能不能进入新宿主的细胞里去生活。这就要看病毒上面的钥匙是否能够打开新宿主细胞的门锁，而这个暴露在外面的武器最容易受到宿主免疫警察的察觉及攻击，因此病毒便需要特别改进它最重要的武器，一方面要很快进入细胞，一方面要逃避并抑制新宿主的免疫系统。因此，这个蛋白的突变速度就比病毒里的蛋白突变快出很多（大约3—4倍）。

影响病毒突变速率的一个重要因子是宿主的硒元素，如果用温和的流感病毒去感染缺乏硒的小鼠，病情会比不缺乏硒的小鼠严重很多。当硒元素不足时，病毒的变异会加快。从被感染的硒不足小鼠里产生的病毒突变率增高很多，其他很多RNA病毒包括肠道病毒及脊髓灰质炎病毒也都有这样的现象。另一方面，在实验室的研究证实，硒会抑制流感病毒的生长。

禽鸟的硒是从土壤中得来的，因此有人认为中国大陆土壤硒元素贫乏与流感大流行有相关性（中国大陆和俄罗斯的土壤都比较缺少硒元素），这个想法有待进一步的研究证实。但如果这个想法正确，那么鸡鸭养殖场应该考虑在饲料中加入硒的化合物来增加家禽的抵抗力，以避免产生流感病毒的变种。

硒元素一般都可以从植物中取得，肉类及海鲜也都含有这个元素，但植物中硒的含量会随所生长的土壤不同，巴西豆的硒含量最高。我们一天需要摄取 20—70 微克，但硒有些毒性，所以不宜摄取过量。

硒的不足可能和心脏疾病、免疫功能及甲状腺功能有关，最早发现硒与疾病有关，是 1935 年在中国黑龙江省克山县发现的儿童心脏病综合征（心肌病变、心脏扩大、心跳加快，严重时会死亡），因此称为克山病。这种疾病广泛分布在中国东北、朝鲜半岛及西伯利亚地区，在 1979 年才被发现是土壤中缺乏硒导致的。

但缺乏硒只是一半的故事，因为这种疾病其实是由 B 型柯萨奇病毒引起的，当这两个因素加在一起时便会产生严重的心脏疾病。如果用温和的柯萨奇病毒去感染一般的小鼠并不会产生什么症状，但去感染缺乏硒的小鼠时就会产生心脏的疾病，而且产生出来的病毒已经突变成可以使正常小鼠生病的凶恶病毒了。

硒是一种抗氧化剂，抗氧化剂可以调节我们的免疫功能，并刺激细胞产生细胞因子及干扰素，可以帮助我们抵抗病毒。食物中有很多种抗氧化物质，我们比较熟悉的是维生素 C 及 E。流感病毒的感染会产生自由基，造成细胞内抗氧化物质的浓度降低。如果给小鼠食用抗氧化物质（比如维生素 E），可以减轻流感病毒造成的症状，产生的病毒量也大幅下降。用温和的柯萨奇病毒去感染缺乏维生素 E 的小鼠，会引起小鼠的心脏疾病。

　　为什么缺乏抗氧化物质会造成病毒的突变？其实缺乏抗氧化物并不一定会增快病毒的突变速度，而是在这种生理情况下，身体免疫系统的能力会降低，让比较凶恶的病毒有机可乘，产生比较严重的感染。

流感病毒如何对付我们的免疫系统

　　流感病毒进入我们的身体后，会想办法躲避我们无所不在的免疫巡逻队。这个免疫巡逻队除了盘问陌生分子，还会拿着通缉犯的照片检查，因为病毒的 H 及 N 分子是露在病毒外面的，很容易被免疫巡逻队认出来是否曾经在这里做过坏事。因此，病毒会用上述换装及突变的方法改头换面，希望能骗过免疫巡逻队，顺利入侵我们的细胞。用突变的方式只能做小整容，比较难逃免疫巡逻队的法眼，因此病毒常常利用换装的方式来逃避我们的免疫系统。

但逃过巡逻队的巡察后，病毒还需要面对许多防御战线。这时候病毒就要拿出它的秘密武器来破坏这些防线，病毒的这些武器都是经过多年的实战经验磨炼出来的厉害武器，有的病毒缺少一些武器，还会用互相交换的方式快速取得，这些武器花样繁多，无法一一介绍（有很多是我们还不知道的），在此向读者介绍一个与禽流感有关的故事。

1997 年在中国香港出现的 H5N1 禽流感病毒的毒力为什么会那么强？科学家从 1997 年因 H5N1 禽流感病逝的人身上，发现病人的肺里充斥着可以杀病毒的细胞因子，既然有这么多的细胞因子，为什么病人还是死去，而病毒依旧可以继续感染和复制？后来的研究发现，这种禽流感病毒对于我们免疫系统的细胞因子有抵抗力。这个抵抗力是由于病毒内部的一个叫作 NS1 的蛋白质产生了突变，使这个病毒可以强力地抑制被感染的细胞产生可抵抗病毒的干扰素，解除细胞的防御系统。带有这种突变基因的病毒还会造成我们免疫系统的混乱，使我们身体产生大量和炎症有关的细胞因子，却同时关掉抑制炎症的细胞因子，使我们身体产生过度的炎症反应，这也是这种病毒这么致命的原因之一。

但我们现在还不知道为什么病毒这样一个简单的突变招数，会使人类长久以来辛苦演化出来的免疫武器及武功全部失效。显然聪明的病毒已经找到了我们防御系统的漏洞和要害，我们应该赶紧研究找出这个致命要害在什么地方，然后想办法去防护。

像很多病毒的基因一样，NS1 是一个多才多艺的病

毒基因大将，不但会去扰乱我们的防御系统、让其陷入瘫痪，帮助制造病毒的信使 RNA，还会像教练一样陪伴着刚做好的病毒菜鸟信使 RNA 到细胞制作蛋白质的工厂，去促进病毒蛋白质产物的合成，它也会去阻挡细胞的信使 RNA 的制造，以免细胞的信使 RNA 跑去和病毒的信使 RNA 竞争做蛋白质，好让病毒可以独占这个工厂。

1918 年的大流感病人也有类似 1997 年香港禽流感病人的病理特征，因此当科学家重新组成 1918 年流感病毒的基因时，就想试试看 NS1 这个基因会不会引起免疫系统的混乱。但在小鼠的感染实验里并没有看到这个现象，可是在人的细胞里却可以看到 NS1 对干扰素的影响，很可能是因为 NS1 在小鼠细胞里的效力比较差。另外，科学家也发现，流感病毒如果少了 NS1 这一员大将，就会变得柔弱温驯了，但还是可以杀死没有干扰素运作的细胞，有人就利用这个性质去杀死没有干扰素的肿瘤细胞。

为什么感冒时有发烧、流鼻涕、打喷嚏、咳嗽和想睡觉等流感病征？

流感的一般症状是：发烧、咳嗽、喉咙痛等等，清初医学家徐灵胎所著《医学源流论》里对于流感的症状就有很好的描述："凡人偶感风寒，头痛、发热、咳嗽、涕出，俗语谓之伤风。"但这些症状很多和由其他病毒引起的一般感冒很像，有时候很难分辨，医生必须用免疫或分子遗传学的检验技术才能真正区别这两类疾病，但如果突然发高烧并咳嗽，那么很可能就是患了流感。

所谓的感冒，可以由好几种不同的病毒引起，流感病毒只是其中的一种。大概只有百分之十几的感冒是由流感病毒引起的，一般的感冒则可由两百多种病毒引起，其中由鼻病毒引起的就占了三分之一到二分之一，症状都比较轻微。由其他病毒引起的一般感冒，在大人身上病情轻微（常见的是由其他一些SARS病毒的近亲冠状病毒引起的），但幼儿得了可能会有比较严重的症状。一般感冒是最常见的疾病，通常的症状是流鼻涕、打喷嚏，小孩平均一年会感冒六七次，女性感冒次数比男性多，但老年人反而较少患一般感冒。

由流感病毒引起的症状通常会突然出现且比较严重，例如发高烧、肌肉酸痛、头痛、喉咙痛甚至肺炎等症状，生病的时间也比较长，小孩则更容易有肠胃道及肌肉酸痛的症状。虽然如此，但一般感冒和流感的症状有很多地方类似，并不容易分辨，这也是做流感疫苗的问卷调查不容易得到客观结果的原因之一。

为什么感冒会流鼻涕、咳嗽及打喷嚏？这其实是我们的第一道防线，主要是希望能够赶快把我们不要的东西送到身体外面。

打喷嚏是一个相当复杂的过程，当鼻子受到病毒感染时会产生黏膜上的免疫反应，这个反应会放出一些刺激黏膜上神经细胞的物质，受到刺激的神经细胞会把信号传到大脑的"打喷嚏中心"，这个中心就会统筹指挥相关的单位来进行打喷嚏的反射动作，这些参与的单位包括腹肌、胸肌、横膈膜（在肺下方的肌肉，用来呼吸）、声带的肌肉（打喷嚏时会有阿嚏的声音）、眼睛的肌肉（你打喷嚏时眼睛一定是闭着的，大概是要防止喷出来的东西进入眼睛）、脸部的肌肉及喉咙的肌肉，打喷嚏时气流会以每小时160千米的速度喷出来，把不要的东西从口及鼻（大部分是从鼻孔出来）喷得远远的。每次打喷嚏大概喷出几千到几万颗大小约0.5至12微米大小的液滴，喷出的距离可达3至4米之远，大的液滴很快就会掉下来，但小的液滴会悬浮在空中，这些液滴很快就会干掉（多快跟湿度及温度有关）。

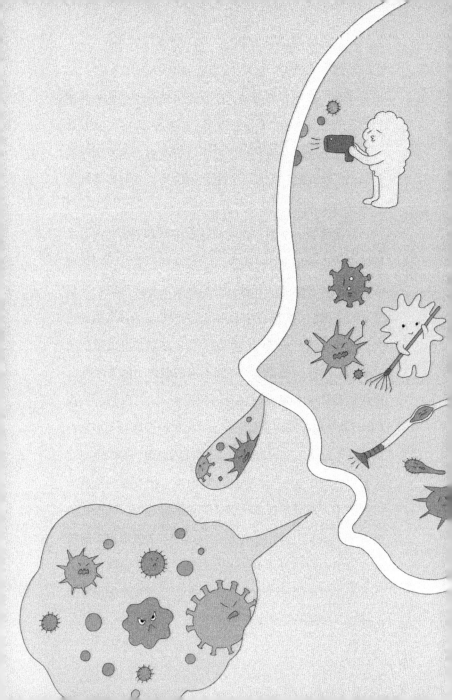

细胞

咳嗽也是一种自卫的反射动作，主要是要排出在气管及喉咙的分泌物（痰）及外来的东西（比如呛到时），感受刺激的部位是在喉咙及呼吸道上方的黏膜，被刺激的黏膜会把信号传到中枢神经。中枢神经会送信号给胸部肌肉进行吸气动作，同时把气管变窄，然后把声门关起来，并刺激呼气的肌肉，使肺部气压达到最高，再突然间打开声门，气体冲出来的速度据说要比打喷嚏还要快，大概是声速的速度。

　　流鼻涕是一种发炎反应，当鼻腔的免疫系统侦测到病毒时会制造抗体，并刺激制造黏液的黏膜细胞去生产更多黏液来黏住病毒或病菌，同时也会使鼻腔血管膨胀并分泌水分及送出白细胞来快速清除带有病原体的黏液。黏液和水分的混合物就是我们俗称的鼻涕，鼻涕会流入我们的喉咙使我们产生咳嗽，也会造成喉咙痛、鼻塞、头晕、头痛，有时候会把耳朵和鼻之间的通道塞住造成耳朵的感染。

　　鼻内及上呼吸道的黏液平时是一种空气清洁剂（这个黏液含有糖类化合物及盐，和快餐店的食物味道应该差不多）。我们每天呼吸 1 万升到 3 万升的空气，如果没有这些清洁剂来黏住空气中的灰尘及各种颗粒，我们的肺部大概不久就会堆满灰尘，变得脏兮兮，无法进行正常呼吸，也会因为想除去这些颗粒引起过度的免疫反应，产生积水及肺部受伤。黏液也可以保护黏膜细胞不受外来病毒或病菌的攻击。

　　这些吸满灰尘及颗粒的黏液当然需要赶快被清除掉。你现在看这本书的时候，你的上呼吸道黏膜细胞正在辛苦工作为你清除这些脏东西，黏膜表皮细胞上的纤毛会以每分钟扫 1 500 次的速度，像扫把一样把带有灰尘及颗粒的黏液以每分钟 2 厘米的速度送到喉咙吞下食道（有的人把它吐出来就成了痰）。呼吸道黏液需要有适当的黏稠度，如果太黏稠，纤毛就无法运走这些黏液，会造成呼吸道阻塞、气管炎及细菌感染，患有囊性纤维化的人就是因为基因突变（由学者徐立之发现）造成黏液太黏稠，以致呼吸困难。

　　炎症反应也会造成局部氧气浓度降低，一方面造成局部组织的酸性及温度增高来杀病毒或病菌，一方面则是减少能量的供应来抑制病毒的复制。在鼻腔的炎症反应会使黏膜膨胀造成鼻塞的症状。

　　人在感冒开始的时候大都会流鼻水，主要是为了赶快把病毒送到体外，这是要防止有一些狡猾的病毒搭着黏液的便车到下呼吸道去感染，到了后期比较严重时才会有黄色或绿色的黏稠鼻涕。带有这些颜色是因为有大量的白细胞进来抵抗感染，尤其是因为细菌造成的第二波感染，白细胞在杀细菌时需要铁离子帮忙，而铁离子是带绿色的，因此鼻涕或痰才会带有一些绿色。

打喷嚏、流鼻涕、咳嗽固然是我们身体用来自卫的手段，主要是要把不要的东西从呼吸道排掉，但聪明的病毒就利用这个方法，把在鼻腔做好的病毒用打喷嚏及流鼻涕的方式送到体外再去感染别的个体。在下呼吸道做好的病毒，则用咳嗽的方式跑出来。

受到感染生病后，很多人都会觉得想睡觉，想睡觉也是我们身体的自卫动作的一种。在感染后，我们的免疫系统会产生一些细胞因子来刺激免疫警察攻击入侵的病毒，这就是我们所谓的炎症反应。这些细胞因子也会向身体的总指挥（大脑）报告有病毒入侵，大脑就会送出许多防御及反击的命令（激素），其中一个反应就是想睡觉。这样可以让身体的免疫系统集中力量去对付入侵的病毒，反之，常常睡眠不足就会影响免疫系统的运作，导致比较容易受到病毒或病菌入侵。

我们患上流感最早的症状之一就是发烧，通常在4

天至 7 天内就会退烧。但有时候会有第二次发烧，发烧也是我们身体的自卫动作，希望能用比较高的温度来抑制病毒的生长。发烧是一个需要经过中枢神经系统指挥及协调的生理反应，开始的时候为了赶快产生热，有时会让身体觉得很冷来使肌肉发抖以制造热。所以病人会先觉得发冷，这是用物理的方法生热。中枢神经同时会送讯号给一种特殊的脂肪组织（棕色脂肪组织），使脂肪开始代谢产生大量的热，就是所谓的发烧。流感病毒会使被感染的细胞产生细胞因子，而细胞因子会引起发烧的反应，这就是为什么受到流感病毒感染后会发烧。所以突然发高烧大概就表示这个病毒比较凶恶（2003 年的 SARS 病毒就是如此），如果没有办法控制大量产生的细胞因子，很可能会引起肺炎，那就麻烦了。

发烧时应多喝水，出汗后温度就会逐渐降低。如果温度太高就要吃药，但小孩因为流感发烧时最好不要给小孩吃含有阿司匹林的退烧药，可能会引起瑞氏综合征。我们眼睛的结膜细胞上有禽流感病毒的受体（病毒进入细胞的大门锁），因此结膜炎是感染禽流感病毒时常见的疾病。

1997 年在中国香港的 H5N1 病毒、2003 年在荷兰的

H7N7 病毒、2003 年在美国的 H7N2 病毒、2004 年在加拿大的 H7N3 病毒都曾引起结膜炎。2003 年在泰国及越南的禽流感比较特殊，因感染去世的有不少年轻力壮的人，很像1918 年大流行的状况，这些人的症状都是发烧、肺炎、腹泻及白细胞减少，而没有结膜炎及上呼吸道的症状，和每年发生的流感的病征不太相同。因此，当有这种病情发生时，医生及医疗机构就要特别提高警觉，除了要赶快想办法降低炎症反应，还要将病人隔离并通知有关单位。

第 6 章

新冠病毒来袭

什么是冠状病毒？

冠状病毒有四个属：α、β、γ 和 δ，会感染人的是前两个属。目前已知有七种会感染人，包括 SARS、MERS、新型冠状病毒（COVID-19），以及 229E（HCoV-229E）、OC43（HCoV-OC43）、NL63（HCoV-NL63）、HKU1（HCoV-HKU1），后四种的感染较轻微，通常是感冒症状，但如果同时有其他感染则会发展成肺炎，尤其是某些 NL63 及 HKU1 病毒会使幼儿和老年人产生下呼吸道的症状。

SARS、MERS、新冠病毒对人的伤害比较大，与 OC43、HKU1 同属于 β 属。冠状病毒最早是 1931 年沙尔克（A. F. Schalk）和霍恩（M. C. Hawn）在罹患气管炎的鸡只中发现的。第一次在人类中发现这种病毒，则是在 1965 年，分别在美国感冒的学童与医学系学生的活检培养液中发现。后来在各种动物的呼吸道、消化道或神经系统疾病中也陆续发现。例如，狗的腹泻症状及鸡的气管炎，就常是冠状病毒引起的，比较严重的感染如猪的脑膜炎，则会导致动物死亡。冠状病毒其实是人类常见的病毒，流感有 10% 至 20% 由这种病毒引起，但大部分是 α 属的病毒。大部分的人都有抗人类冠状病毒的抗体，例如对 OC43 这型的冠状病毒，6 岁以上的人普遍拥有抗体。

　　冠状病毒的结构如图 2-6 所示，是一个半径 60 至

图 2-6　冠状病毒

200 纳米的圆形病毒，外面有一层脂膜包着，脂膜上插 4 至 5 种蛋白分子（S、M、E、N、sM）。冠状病毒因其中的刺突蛋白（S 蛋白）在脂膜上的排列使病毒看起来很像皇冠而得名。这个刺突蛋白，就是病毒用来开启细胞大门的工具，病毒用它来和细胞表面的蛋白结合进入细胞。冠状病毒是一种单链的 RNA 病毒，它的遗传物质由一条 2 万至 3 万碱基组成的单链 RNA 分子构成，由病毒的包膜保护。

病毒进入人体后，就用露在病毒外面的 S 蛋白与细胞表面的病毒受体结合。病毒贴上细胞后，通过一些我们尚未十分了解的步骤，使其脂膜与细胞脂膜发生融合，将病毒的遗传 RNA 送入细胞质。病毒 RNA 的结构模仿细胞内制作蛋白质的信使 RNA（mRNA），在进入细胞后马上可以利用细胞内制造蛋白质的工具，做出一条很长的多聚蛋白，多聚蛋白再经病毒酶的切割，产生病毒复制所需的早期蛋白。

由于病毒 RNA 可直接进行蛋白质合成，我们称之为 (+)RNA。病毒利用这条 (+)RNA 为模板，制造与它互补的 (-)RNA，再利用这些 (-)RNA 为模板，复制更多的 (+)RNA。这个过程的道理很像先把正片做成底片，再用底片复制很多与原来相同的正片。在复制病毒 RNA 的同时，病毒也大量制造表面蛋白及内部蛋白，经过一些装配步骤后，这些产物便可组装成完整的病毒。这些做好的病毒从被感染的细胞释放出来后，又可以去感染其他细胞，制造更多的病毒。

冠状病毒可能是由蝙蝠传给动物，再由动物传到人的。为什么是蝙蝠？这是由于蝙蝠有很强的免疫系统，尤其是可以抑制炎症反应，因此它们可以和许多不同的病毒和平共存。蝙蝠的寿命很长，有的甚至可以存活 40 年，因此会带有变种的病毒，而且蝙蝠出去一次数量很多，携带的病毒数量很大。我想，研究冠状病毒应该从蝙蝠为什么可以和病毒共存着手，尤其是抗炎症的方式。蝙蝠会一直分泌干扰素，这会造成对细胞的伤害，但蝙蝠的巨噬细胞会制造大量的抗炎症细胞因子 IL10 来防止伤害。另外，蝙蝠也演化出 6 个可抗病毒和抗炎症的基因。

SARS 风暴

严重急性呼吸综合征（简称 SARS）暴发于广东地区，疾病真正何时开始并不清楚。国际权威医学期刊《柳叶刀》于 2003 年 10 月 11 日刊出的调查报告证实，早在 2002 年 11 月 16 日，广东佛山（在广州市西南）已有 19 人染上 SARS，并陆续往广东各地扩散。这是第一轮疫情。

　　2003 年 1 月，一位海鲜商人在广州感染 SARS，住进中山大学附属第二医院治疗，后来转到附属第三医院，造成两家医院发生院内感染。第二波感染使广州的病例在 1 月底爆增到 226 个。到 2003 年初，广东共有 305 个病例，其中 105 例是医护人员，共有 5 人死亡。2 月 21 日，从中山大学附属第二医院来的刘剑伦教授（3 月初去世）到香港访问，他当时已被感染。

　　与他同样住在京华酒店九楼的客人也受到感染，其中陈强尼（Johnny Chen）在前往新加坡途中发病，转到越南住院。治疗陈强尼的意大利籍医生卡洛·乌尔巴尼（Carlo Urbani）发现，这是一种新的肺炎，并向 WHO 报告。不幸的是，他和助理因感染而死亡。其他受感染的旅客则又到了加拿大多伦多及新加坡，造成传染病跨境大流行。台湾也因与香港及大陆往来频繁，于 2003 年 3 月开始发现病例。

　　从 2002 年 11 月到 2003 年 6 月，SARS 流行期超过半年，高峰期为 4 月、5 月，真正暴发传染病的时间只有一个多月。这次疫情全球共有 8 442 个病例，WHO 在 2003 年 10 月发表的数字指出有 775 人死亡，29 个国家和地区受到影响，平均死亡率在 14% 至 15%。其中，台湾地区有 346 个病例、37 个病人死亡。疫情没有扩大，最主要的原因是 SARS 病毒的传播速率没有 1918 年流感病毒那么大，只有在与病人密切接触的场所如家庭、医院及旅馆才会发生传染。虽然一开始出状况，但隔离和追踪效果非常好，使感染局限于医院，加上通过 WHO 与国际合作，很快就找出病原体，研发出诊断工具。

SARS 疫情过后，香港检讨发现，玛丽皇后等五家医院没有医护人员被感染，医护人员都有戴口罩、穿防护衣、戴手套及洗手等，而 13 名被感染的医疗工作人员则至少少了其中一样。显然，这几种防护措施对防止 SARS 病毒的传播相当有效。

其中令大家印象最深刻的，大概是无处不见的口罩，尤其是在这次疫情中一举成名的 N95 口罩（图 2-7）。N95 口罩，字母 N 是不能抵抗油性物质（Not resistant to oil）的这一系列口罩的简称，意思是它无法过滤油性的液体颗粒，95 则代表口罩可以有效过滤 95% 大于 0.3 微米的颗粒（微米是 1 米的百万分之一，头发的粗细大概

图 2-7　使用 N95 口罩预防 SARS 冠状病毒

是 100 微米）。这种口罩原先是美国 CDC 规定医护人员照顾肺结核病人时要戴的，为的是防止结核菌感染，在 SARS 疫情突然发生时，它被用来保护医护人员。

　　用口罩防止病毒感染，主要是因为 SARS 病毒会经由病人咳嗽的口沫传播，但咳嗽出来的口沫颗粒可能小至 1 微米，一般口罩无法滤掉，N95 这种口罩才有效。因此，WHO 规定，照护 SARS 病患的医护人员至少要戴 N95 口罩。不过，加拿大也发现，有 9 位医护人员依照规定全身防护，包括戴了 N95 口罩，也无法挡住 SARS 病毒的侵袭。事后检讨发现，这些人戴的 N95 口罩的型号，并非美国 CDC 规定的那种。其实，顾名思义，N95 的效率只有 95%，而且口罩边缘的透入率高达 10%。因此有人建议采用 N100 口罩，它过滤 0.12 微米颗粒的效果高达 99.999%，价格也仅比 N95 贵一点。

症状和病理特征

SARS 没有固定症状，症状因人而异，甚至有少数病人没有发烧或咳嗽的症状。不过，SARS 病毒会促使白细胞自杀死亡，白细胞数量减少是常见现象。要确切诊断是否感染 SARS，还是要用现代分子生物学技术判断。感染 SARS 病毒一星期后，病毒开始大量繁殖；十天后，病毒量达到最高点，然后开始下降。这时病人的状况也会开始恶化。

感染后的第三个星期是关键时刻，有些人病情好转；有些人肺部开始受感染，与炎症有关的白细胞及炎症反应物质陆续进入肺部抵抗病毒，造成剧烈炎症反应，使肺部深处负责把氧气送到毛细血管的扁平肺泡细胞大量死亡。与肺泡相连的毛细血管因炎症必须松弛血管壁，以便白细胞从血管进入肺部，造成血液中的水甚至红细胞渗进肺部，导致肺部积水并累积死亡细胞的碎片，也就是胸腔 X 光看到的浸润现象（所谓的"非典型肺炎"）。出现这个现象后，病人就非常危险，大概有五分之一的病人病情会继续恶化。由于肺部大量积水，氧气无法经正常呼吸送至与肺泡相连的毛细血管，造成血液缺氧。这时就需要插管治疗，用人工方法加压，促使氧气进入血液内。然而，这时肺泡细胞已受到很大伤害，积水又使氧气不易进入毛细血管，治疗大多为时已晚，无法挽救病人的生命。就算炎症反应还不很严重而用这种方法把病人救活了，但因肺部的伤害（使用高压氧气治疗也会伤害肺部），在身体修复肺部时会产生大量像钢索一样的胶原纤维，使得肺部硬化，因此病人复原后，肺部已永久受到伤害，肺功能大打折扣。

像许多肺炎一样，SARS 引起的致命肺炎并不是病毒繁殖直接造成的伤害，而是免疫系统为了对抗病毒而对自己造成的伤害。因此，治疗 SARS 重要方向之一，就是控制免疫反应到恰到好处，使其既可以对付病毒，又不会反应过度伤害自己。治疗 SARS 的药含类固醇，道理就在此。

寻找病原体

在 SARS 疫情暴发后，科学家积极寻找这个致命传染病的病原体。香港大学由裴伟士（Malik Peiris）教授领导的研究团队于 2003 年 4 月 8 日首先在《柳叶刀》网站发表了一种新的冠状病毒可能是 SARS 病原体的证据。他们分析 50 位病人的活检样本后发现，90% 都有一种形状与冠状病毒相似的病毒，这在正常人的样本中没看到。他们又利用 PCR 的技术，从 50 个样本中发现 45 个样本是阳性的，因此提出冠状病毒是 SARS 流行病病原体的假说。另外，他们相信，这是一种有别于已知的人类或动物冠状病毒的新病毒。

随后，由德国、法国及荷兰的数个研究机构，以及美国、泰国、越南、新加坡、中国香港、中国台湾的研究人员所组成的两个 WHO 牵头的 SARS 研究团队，分别在 5 月的美国《新英格兰医学杂志》（*New England Journal of Medicine*），发表确认 SARS 病原体是一种新冠状病毒的论文。同时，加拿大的研究团队及由美国 CDC 带头的跨国团队，也在美国《科学》杂志分别发表新冠状病毒的基因组序列。新病毒的基因序列显然有别于已知的人类或动物冠状病毒的基因序列。

这几篇论文证实了裴伟士提出 SARS 病原体是一种新冠状病毒的假说。这种新病毒的原始来源还不知道，可确定的是并非由比较温和的人类冠状病毒突变而来。一般人的血液中并没有这种病毒的抗体，表示这是人类从未接触过的病毒。从病毒的基因序列看来，这是在某种动物身上演化已久的病毒，在某种情况下与人类接触后造成了疾病。

从动物传到人身上

由于传染病是从广东地区开始，广东人又好吃野生动物，大家起初猜测有嫌疑的是广东野生动物市场里的某种动物。深圳疾病预防控制中心和香港大学合作，分析这些动物身上的冠状病毒。他们在 2003 年 5 月时发表研究，称发现 SARS 病毒的核酸序列和果子狸身上的冠状病毒几乎一样（果子狸的序列多了 29 个碱基），他们推测，病毒是从果子狸跑到人身上的。

不过，北京农业大学后来的研究并没有证实这个发现。研究人员共分析了中国南方包含 54 种野生动物、11

种家畜的 732 只动物，在包括果子狸在内的动物身上，并没有找到引起 SARS 的冠状病毒。因此，到目前为止，SARS 病毒从哪里来，仍是个谜。但蝙蝠带有极类似的病毒，因此极可能是从蝙蝠的病毒转化过来的。

找出 SARS 病毒的原始来源，对将来的防治工作非常重要。因为我们可以想办法避免和这种动物接触，防止病毒再度传染给人类，或定期检查这些动物身上的病毒是否产生突变，成为更恶毒的病毒，让我们好不容易制造出来的疫苗宣告失效。

病毒从动物跳到人的身上产生疾病，相当常见。已知最早的例子应该是狂犬病，近代在韩国发现的汉坦病毒也是从动物传到人身上的。不过，这些都不会再由人传播，近代比较确定的例子是由动物传给人的流感病毒。1997 年，香港地区出现禽流感病毒感染人类的情况，造成 6 人死亡。2003 年 4 月，荷兰发生类似事件，一位兽医在发生禽流感的养鸡场感染肺炎死亡，解剖发现，肺里有大量禽流感病毒。1998 年，马来西亚发生死亡率相当高的脑炎传染病，研究发现，这种传染病是名为尼帕病毒（Nipah Virus）的新病毒引起的。这种病毒是由蝙蝠传给猪，猪再传给人类的。

另外一个有名的例子是马尔堡病毒（Marburg virus，非常恶毒的出血热病毒）。1967 年，德国马尔堡的一个实验室用非洲猴子的肾细胞做脊髓灰质炎疫苗，25 位工作人员突然发高烧，最后有 7 位不治身亡。其他欧洲实验室也出现了同样的现象。后来研究证实，是猴子身上的病毒传给了工作人员。但吊诡的是，动物房内和猴子有密切接触的工作人员并未感染，只有切除猴子肾脏的工作人员受感染，显然病毒是藏在组织里的，而不会由活的猴子直接传给人。

如果 SARS 病毒真的是从果子狸身上来的，那么从马尔堡病毒的例子可以推测，第一个感染 SARS 病毒的很可能是宰杀果子狸的厨师。

流感常暴发于中国南方，有人认为可能是人畜杂处，不同的病毒容易产生基因交换变成新毒株，以及中国乡下的饮食常缺少微量元素硒所致。其实，猫和狗也有冠状病毒，但这些病毒并不会传到人的身上，因此，其他动物身上的病毒为什么会突然侵犯人类，实在值得科学家继续探索。

基因互换，病毒变种

由于复制 RNA 的酶通常都缺少修正错误的功能，冠状病毒的基因常常产生突变。而且，冠状病毒的 RNA 很容易发生基因互换，这样一来，制造出来的病毒就会有很多变种，甚至同一只动物的不同组织都有不同病毒。变化特别快的是决定要感染哪一种细胞的 S 表面蛋白，这种现象已经在好几种动物的冠状病毒中出现了。

早在 1984 年，有篇研究报告就指出，引起人类感冒的 229E 冠状病毒有好几种，感染其中一种病毒，并不会使人对另外一株病毒完全免疫。如果 SARS 病毒也有类似情况（最近的研究显示，SARS 病毒的突变率相当高），那么将来用疫苗预防 SARS 病毒引起的流行病，会遇到很大的困难。

病毒会感染体内哪种细胞、造成何种疾病，取决于病毒表面 S 蛋白和细胞表面的亲和力。人类冠状病毒可以感染消化道或上呼吸道的上皮细胞，因此造成这两部分器官的病变，不过不会产生很严重的病情。事实上，每年的感冒有 10% 至 20% 是由冠状病毒引起的，但因为症状轻微，并没有引起大家的注意。在 SARS 发生前的两年，法国诺曼底有冠状病毒引起的呼吸道疾病，在那次流行病中，约有三分之一受冠状病毒感染的病人，有包括肺炎在内的下呼吸道症状，这是相当不寻常的冠状病毒感染，它是否代表一种新的人类冠状病毒正在形成，是不是 SARS 流行病的前奏曲，则有待研究。

从已知的冠状病毒基因组序列，我们看到，除了上述病毒颗粒蛋白的基因以外，还有许多目前作用不很清楚的基因序列。这些基因很可能是用来控制细胞代谢和病毒复制的，其中有两个和病毒复制很有关系：一个用来复制病毒核酸，另一个是把初步制造出的多聚蛋白切割成各种蛋白的酶。这两个重要的酶都是寻找抗病毒药物的标的，希望不久的未来，就可看到抗 SARS 的药上市。

SARS 病毒稳定性相当高，实验室培养出来的病毒可在冰箱存放三周而不出现活性降低的情况，甚至在室温中存放两天后也仍有 10% 的活性。粪便样本中的病毒在室温下可存活一至两天，但加热至 56 摄氏度以上或使用一般消毒剂就可有效杀死这种病毒。

罪证

目前大家公认，SARS 的病原体是冠状病毒。根据是在很多采集自病人的样本中都可发现这种病毒的颗粒或核酸，正常人的样本中则没有，而且这种特殊的新冠状病毒，可以在实验室中用病人的样本培养出来，病人血液中都有这种病毒的抗体。但这些证据就足以证明它是SARS 的元凶吗？根据罗伯特·科赫（Robert Koch，1905年诺贝尔生理学或医学奖得主）对病原微生物的看法，这样的证据并不足以将冠状病毒定罪。科赫认为，要确定一种微生物是某种疾病的病原体，必须满足以下四个条件：

·被怀疑的病原体一定常常在病体中发现；

·它可以从病体中分离出来并进行培养；

·把体外培养出来的病原体用来感染时，会产生与原来疾病相同的病征；

·同一个病原体，又可从被分离出来的病原体感染生病的生物中分离出来。

根据这四项严格的标准，上述证据只符合前两项条件，并不能确定这个新病毒就是 SARS 的元凶。有可能我们看到的冠状病毒，只是刚好因为病人免疫力下降才出现的，跟这个疾病一点关系都没有。因此，若要真正证明这个冠状病毒是 SARS 的病原体，必须再将病毒送进人体，若产生相同病征，并且可以再从病人体内找到同一种病毒，才能算是真正得到证实。

不过，道德标准不会容许我们把从 SARS 病人的样本分离出来的冠状病毒打进正常人体内，然后看他会不会患上 SARS（以前有人做过类似的事），再看从这个人身上能不能分离出同一种病毒。

不过，我们可以用与人相近的猴子做这样的实验（动物保护人士可能要抗议了）。近年一个由中国香港、荷兰及瑞士的研究人员组成的研究团队就做了这样的实验。他们先把 SARS 病人身上的冠状病毒在体外做细胞培养，再把培养出来的病毒打到猴子身上。结果在受感染的猴子肺部看到了类似 SARS 病人肺部的病变，而且从病变的肺里找到了原来的病毒。这个实验虽然不能百分之百证实冠状病毒是引起 SARS 疾病的病原体（因为不是用人做实验的），但也很难令人怀疑了。

面对未知的恶魔

相较于1918年的大瘟疫，2003年的SARS可说是小巫见大巫；但民众的恐慌则相同，因为这是个未知的恶魔。

事实上，美国每年有3 000万到5 000万人得流感，死亡人数有两三万人，十几万人住院；德国每年死于流感的也有近2万人；中国台湾地区每年有300多万人得流感，有近4 000人（大多是抵抗力低的老年人）死亡，远高于这次SARS在全世界造成的死亡人数。但从来没有人注意到流感每年导致这么多人死亡，因为大家都不认为感冒是什么了不起的疾病。

其实科学家都知道，流感病毒是个定时大炸弹。当病毒变到人的免疫系统无法对付时，非常可怕的大流感可能会再次出现。

以现今人口流动的速度来看，新的大流感的面孔恐怕更加狰狞可怕。WHO虽早已发出警告，但多数人不见棺材不掉泪。美国流感病毒专家基尔伯恩（Ed. Kilbourne）教授一针见血地指出："在流行病尚未暴发的时候，大家对这个疾病都没有兴趣，一旦流行病来袭，大家都激动起来，电视摄像机也来了。警告大家是一回

事，但只有事情发生时大家才会真正注意。"在 1918 年
大瘟疫之后，美国很多议员及科学家都觉得应该增加传
染病研究与公共卫生的经费，刚开始时政府也很热心，
但没过几年，大家就把大瘟疫忘得一干二净了。

MERS 危机

中东呼吸综合征（Middle East Respiratory Syndrome，
简称 MERS）最早是 2012 年在约旦发现的，后来传到沙
特阿拉伯。从 2012 年到 2020 年 1 月，总共有 2 506 人受
到感染，862 人死亡，死亡率高达 34.4%；但一些被感染
的人可能没有症状，因此死亡率可能被高估了。2015 年
5 月至 7 月，MERS 在韩国流行，开始时政府隐瞒疫情，
造成 186 人受到感染，36 人死亡，幸好两个多月后就平
息了。2018 年再次发生疫情，阿拉伯国家及其他国家也
都有病例发生。病毒可能是骆驼传给人，再经由人传人
散播的。研究发现一株 MERS 病毒和埃及墓蝠的病毒完
全相同，因此这种病毒被认为是由蝙蝠传给骆驼的。

MERS 的症状是发烧、咳嗽、呼吸困难，但也会有
消化道的症状如呕吐、腹泻、腹痛等，严重的有可造成

死亡的肺炎，或血液凝结及心包炎，现在对于 MERS 还没有有效的治疗方法或疫苗。

新冠病毒感染的开始与发展

2019 年 12 月，武汉发现多起不明原因的病毒性肺炎病例；2020 年 1 月，病原体初步判定为新型冠状病毒，这种冠状病毒能在人与人之间传播；之后，新型冠状病毒扩散到全球，2020 年 2 月，WHO 将新型冠状病毒肺炎正式命名为 COVID-19。

由于国际人口流动速度很快，新冠肺炎在全球大流行，尤其是韩国、日本、西欧、美国等地官员警觉性不足，疫情暴发不可收拾，大家又没有习惯戴口罩，群聚说话或吃饮东西时，病毒会直接由口腔进入气管，而不是从鼻腔进入气管。鼻子首先有鼻毛及黏液来阻止病毒进入，后面还有长的鼻腔，上面有黏液及拥有纤毛的上皮细胞，可以将病毒抓住，使进入气管的病毒变少很多，如果加上口罩这个障碍，病毒就更少了。因此要防止病毒进入肺部，除了戴口罩之外，在交谈时最好保持一段距离，饮食时更要保持距离。新型冠状病毒也会感染消

化道，在尿液及粪便中都可测到病毒，因此有可能经由
尿液及粪便传染。

为什么这么严重？

病毒进入肺部后，就会遇到气管的黏液及肺部的巨
噬细胞，在大约80%的病人体内，病毒会被拦截，因此
他们症状轻微，只有经过鼻腔的感冒症状，或因为病毒
感染鼻腔的嗅觉细胞造成失去嗅觉及味觉（鼻腔嗅觉细
胞的少量支持细胞有新冠病毒的受体ACE2），被气管
黏液黏住的病毒会经由病人的咳嗽咳出来（如果被咽下
去就会到粪便，或直接由口腔进入消化道，小肠细胞有
ACE2，会造成腹泻的症状），少量进入肺部的病毒会被
肺巨噬细胞清除掉。

10%至14%的人病情会比较严重，有肺炎及呼吸困
难的问题，主要是巨噬细胞的量不足以抵抗大量的病毒，
或巨噬细胞的功能萎缩，造成肺部深处的细胞感染，这
个病毒又不会引起Ⅰ型及Ⅲ型干扰素来警告附近的细胞，
因此感染会扩大。感染的细胞及巨噬细胞发出求救的化
学信号，引起肺部周边的血管松弛，让白细胞（主要是

巨噬细胞

中性粒细胞，neutrophil）进入来攻击病毒，产生炎症反
应，白细胞做完事就会自杀，让巨噬细胞清理战场，但
4.7% 至 10% 的人因为免疫的过度反应，血管松弛太多，
血液也跟着进入肺部，造成肺部无法呼吸，必须用呼吸
机增加氧气的压力帮助呼吸，而且可能会产生多种器官
衰竭或败血性休克，一些人会因而死亡。

　　当然，死亡率随地而变，可能和病毒是否直接进入
口腔有关。意大利和其他国家的数据显示，死亡的多为
老年人，病毒在肺部繁殖，引起血液中大量白细胞和血
液进入肺部，造成急性肺炎，这和老年人的免疫力下降
（见拙著《有趣的身体结构》）及吸烟、室内污染（煮菜、

壁炉等）、慢性病有关，老年人也常患有慢性疾病，肺巨噬细胞也比较少，比较容易患上严重的肺炎，相应而言，幼儿不知为何对新冠病毒比较有抵抗力，小孩较少感染，但仍会传染给别人，有气喘、糖尿病、心脏病或免疫系统不全等疾病的小孩容易受感染，有多重系统发炎症候群（Multiple System Inflammation Syndrome）的小儿也容易被感染。

其实每年肺炎的病患约有4.5亿人，死亡有400万人，只是这个短期内快速蔓延的疫情让卫生单位措手不及，设备不足尤其是呼吸机短缺，使他们难以应付迅速涌入的病人，为他们做有效的治疗。

病毒的来源

2020年4月，英国剑桥大学的团队在《美国国家科学院院刊》（PNAS）上发表了一篇论文，以中国研究团队测出的蝙蝠冠状病毒序列做比较，从160个全球测序的序列整理出A、B、C三大类病毒，其中A类与蝙蝠和穿山甲体内的冠状病毒最接近，普遍存在于北美、澳大利亚以及生活在武汉的美国人中，在武汉最初被感染的中国人中也存在，但不是武汉的主要感染类型。B 类型由 A 类发生两个突变而来，主要在中国大陆以及东亚地区存在，C 类由 B 发生突变产生，主要存在于欧洲，但也在中国香港、新加坡、韩国存在。不过以一个蝙蝠冠状病毒序列（相似度 96%，和新冠病毒的序列差了一千多个碱基）来做结论，而且各地序列测序尚未完成，下结论实在太早。

新冠病毒从哪里来仍是个谜，美国的测序显示，病毒的序列和以往的序列不太一样，和 SARS 病毒的相似度大约只有 80%，与 MERS 病毒的相似度更低，只有约50%，因此最可能是从自然界演化出来，而不是经由基因改造以往的病毒产生的。可能的来源是穿山甲（序列相似达 90% 至 99%）或蝙蝠（相似度高达 96%），但也可能是两个病毒的重组病毒。病毒大约有 3 万个碱基，15 个基因，每个月突变两次，但这些突变大概不会影响病毒的感染，病毒和细胞受体（ACE2）的接合及切断也演变成更有效、类似禽流感的感染，这就是为什么感染率会这么高。新冠病毒主要是过度活化 T 细胞，尤其是Th17 及 CD8T 细胞，造成免疫的不平衡，而产生肺部积水，使病人呼吸困难。

病毒感染的后续

疫情最大的影响还不在于死亡人数，世界经济遭到的冲击更是惨重。世界主要经济体不是封城、封州，就是锁国，这个大流行恐怕会造成经济的大衰退。希望通过封城、封州或锁国，不久就可以解除这个灾难，从1918年流感大流行的例子看，这应该是可预期的。根据上面的分析，一旦极大部分会被病毒感染甚至杀死的人都已经感染，再加上有效的隔离，这个疫情应该就会结束了。

最近，大家都紧急加快脚步研发对抗新冠病毒的疫苗及药物，但以前研发抗SARS的疫苗遇到瓶颈，而且有研究结果提示打了某种疫苗反而可能加速感染，病毒可能会利用身体的抗体帮助它感染。但在最近发表的论文显示，抗SARS的抗体可以阻止新冠病毒的感染，这给疫苗研发带来了希望。另外由Th2引起的过敏性炎症反应（老年人比较容易发生）也会造成疫苗的失败。在2002年有人建议用抗疟疾药物氯喹（chloroquine）及羟氯喹（Hydroxychloroquine），2005年有人发现这个药对SARS病毒很有效，现在美国又建议用它来治疗新冠病毒的感染。它主要的作用，是抑制 ACE2 的糖基化，从而防止新冠病毒的感染。

预防新病毒侵袭

这次新型冠状病毒暴发，让世界各国都措手不及，大家应该痛定思痛，预做准备，以防下一次新病毒侵袭。那么，要如何为未来做好准备？病毒的研究当然非常重要，政府也很慷慨地拿出大笔的研究经费，不过，研究是长期作战计划，无法应急，因为：

1. 我们不知道下次的敌人会是哪一种病毒，说不定是以前从没见过的。

2. 研发疫苗通常需要相当长的时间，呼吸道合胞病毒（简称 RSV）疫苗从 1960 年研究到现在还未成功上市，疫苗的设计（例如用基因技术改变的温和病毒）与安全性也要经过一段时间的考验。而且，这种千变万化的 RNA 病毒很难有单一有效的疫苗，还要考虑到病毒利用抗体感染细胞的情况及其他的免疫反应。我们从流感病毒疫苗带来的痛苦经验中得了教训，流感疫苗每年必须更新、接种后两星期才起效。美国 1989 年至 1992 年的流感疫苗有效率只有 31% 至 45%，而且相当昂贵。以前也研发过人类 229E 型冠状病毒疫苗，但这种疫苗并不具有长期的免疫效果，针对动物冠状病毒的疫苗也不完全成功，而且可能还会有抗体帮助感染的问题。因此，虽然研发疫苗可行，但我们缺乏对这个新病毒的了解以及研发疫苗所需的时间，这些都是必须仔细评估的问题。

3. 研发抗 RNA 病毒的药并不简单，需要多年人力物力的投资，可能缓不济急。不过，让人欣慰的是，德国法兰克福大学从甘草找到了抑制 SARS 病毒生长的化合物，许多药厂也都有研发抗 SARS 的药物。

4. 一般病毒学的研究固然很重要，但从研究流感病毒数十年仍无法找出有效的方法来看，要在短时间内找到对付 SARS 或新冠病毒的策略恐怕也不容易。

5. SARS 和新冠病毒病情严重，其实和人体免疫系统的过度反应关系密切。因此只有针对病毒的策略是不够的。我们除了加紧脚步研究这些病毒的性质以及它为什么对人类造成这样大的伤害，并找出对付的方法，最重要的是尽快拟定包括有效及快速检验新病毒的紧急应对突发性传染病的完善计划，制定防范传染病的相关法令，健全人民的医疗常识并完善有效的医疗系统。

事实上，WHO很早就希望各国针对可能发生的全世界大流感，尽快拟定一套应变措施，但除了美国以外，大部分国家还是被动因应。美国CDC其实早已制定出一套州和地方政府的详细应变措施指南，各地方政府也根据这套指南制订了适合当地的应变计划，但这些官员在这次感染开始时却把这个计划全忘了。美国也曾针对西尼罗病毒传染病制定严密的预防措施，也有针对SARS感染的控制方针等。这些经验教训值得我们参考。

其实，恶毒的流感病毒最可怕的地方，是引起我们身体免疫系统的不平衡及过度反应，造成对我们自己的伤害。因此想办法降低这个反应，才是救病人的最好方法。这次新冠病毒不会引起细胞制造Ⅰ型及Ⅲ型干扰素，这些干扰素会告知邻近的细胞有感染发生，但会引起细胞制造引发炎症的细胞因子，所以和其他肺炎病毒有些差别，希望科学家能够赶快从现有的药物中，找到可以有效抑制这个炎症反应的药。

第 7 章

————

肠道病毒伺机而动

什么是肠道病毒？

肠道病毒顾名思义是经由肠道感染的病毒，但也可能经由呼吸道感染。这一类病毒感染在幼儿比较常见。

肠道病毒的遗传物质是一条单链的 RNA，这种遗传物质很容易通过快速的突变与相互交换遗传物质的能力来适应新环境及生存。因此，病毒的变异非常快速、复杂。这个病毒家族中，现在已知有十二大类、两百种用血清来分型的肠道病毒，快速的病毒变异可能就是被同类病毒感染后产生的症状会有很大变化的原因，有些特殊的变异还会产生造成神经病变的恶性病毒。

肠道病毒是没有外膜的，但含有约 7 500 个碱基的 RNA。肠道病毒种类非常多，可大致分为脊髓灰质炎病

毒与非脊髓灰质炎病毒两大类，细分为 A 至 D 4 组。非
脊髓灰质炎病毒的感染有 90% 没有什么症状，最常见的
症状包括发烧、喉咙痛、肌肉疼痛、肠胃不适等，产生
的疾病有手足口病（在口腔、手掌及脚掌处有病毒造成
的小水疱或红疹）、疱疹性咽峡炎（herpangina）、无菌
性脑膜炎、心肌心包炎、流行性肋肌痛等。

脊髓灰质炎病毒

　　脊髓灰质炎病毒引起的脊髓灰质炎也起源甚早，早
期埃及的浮雕就有患脊髓灰质炎的国王的图像。公元 1
世纪有名的罗马皇帝克劳狄乌斯（征服英伦三岛，是"暴
君"尼禄皇帝的父亲），从小感染脊髓灰质炎，早年不得
志，但也因此饱读书籍。

　　脊髓灰质炎病毒最早在 1908 年由卡尔·兰德斯坦纳
（Karl Landsteiner）分离出来。脊髓灰质炎病毒有三个血
清型：因为使用疫苗，Ⅱ型病毒在 2015 年已被认为消失；
Ⅲ型病毒在 2012 年 11 月以后就没有被发现过；Ⅰ型病
毒还在阿富汗、巴基斯坦及尼日利亚流行，2019 年还
有 163 个病例。另外，用来做疫苗的活病毒的变种，在

2019 年又在非洲、地中海、东南亚地区流行。

　　这种病毒通常经由口腔进入身体，然后传到口腔咽喉及肠道，在口腔咽喉感染大约一至二周，通过粪便排出。病毒从肠道可以进入肠道附近的淋巴结，并由此进入血液，大部分病患只有发烧、头痛、肌肉僵硬等症状。但病毒可能再传到中枢神经系统，产生脑膜炎，在运动神经元感染则会伤害运动神经元而产生麻痹症，潜伏期通常是 7 至 14 天，大约有 0.5% 被感染的小孩会产生麻痹症。

　　台湾地区在 1966 年发生大感染，有 400 个病例；1982 年夏天又发生一次大疫情，有 1 031 位儿童患麻痹症、95 位死亡。2000 年，台湾地区宣布根除脊髓灰质炎病毒的感染。

可怕的肠道病毒 71 型

　　因为基因的突变，有少数的肠道病毒在极少见情况下也有可能感染神经系统，产生急性肢体麻痹及脑干脑炎等疾病，并进一步影响自主神经系统及脑干，造成心肺衰竭及死亡。病毒感染肌肉细胞，再感染与肌肉细胞相连的运动神经细胞，然后进入中枢神经，产生对运动神经及中枢神经的伤害。

大家比较熟悉的，是比较恶性的肠道病毒 71 型（EV71）。这个病毒在 1965 年第一次被发现，现在的核酸序列演化分析认为这个病毒是在 1941 年左右演变出来的。后来再演化成 A 至 F 六大基因群，B 及 C 群还可再细分，D 群主要在印度，E 及 F 群则在非洲。

EV71 感染主要产生手足口病、肺水肿及疱疹性咽峡炎，但因为基因的突变也会产生对神经的伤害。小儿即使能够存活，也会有肢体麻痹、智能障碍、脑性麻痹等后遗症。

EV71 1969 年第一次在美国引发神经性的疾病（A 病毒，但后来从荷兰收集的活检样本中发现 1963 年该病毒就已经出现了）；1975 年传到东欧的保加利亚，有 140 人产生肢体麻痹、29 人死亡；1997 年出现在马来西亚并引发大流行（B 基因群病毒），造成 34 人死亡，同年在日本也引发严重的疾病。

1998 年，台湾地区发生第一次 EV71 病毒大流行（C2基因群病毒，但在 1980 年及 1986 年的手足口病病人的活检样本中已有 EV71 的病毒），可能有多达 140 万人受

到感染，有 10 万人患手足口病，其中有 405 例重症，有
78 人死亡，主要是 5 岁以下幼儿因为肺水肿及肺出血而
死亡。1999 年到 2001 年则分别有 35 例、291 例及 389 例
重症，2000 年及 2001 年（B4 基因群病毒）分别有 25 人
及 26 人死亡，2008 年及 2012 年又发生大流行，但死亡
率则从 20% 降到 4%。在 2019 年，台湾地区仍有 248 个
病例。

　　2008 年中国大陆在 5 月也发生了三次 EVT1 病毒大
流行，超过 14 万人被感染，其中 126 名儿童死亡。2012
年 4 月到 7 月在柬埔寨也发生 EV71 的流行，因为同时有
登革热及病菌感染，所以造成至少 64 名小孩死亡。

　　这种病毒感染造成的疫情和气候有很大关系。在 13
至 26 摄氏度的环境中，病毒能造成感染，因此疫情大
多发生在晚春及夏天。中国大陆的研究也发现，病毒的
感染与温度和湿度有关。为什么肠道病毒会造成幼儿死
亡？幼儿免疫力低，EV71 主要是影响 5 岁以下的幼儿。
1998 年在台湾地区的情况是感染造成有些幼童的免疫系
统不平衡及反应过度，产生大量与炎症反应有关的细胞
因子，导致肺水肿及肺出血死亡。

另一个狠角色：肠道病毒 EV-D68

这个病毒是 1962 年在美国加利福尼亚州从幼儿肺炎及支气管炎病例中发现的，通常只有轻微的症状，但也有比较严重的症状，主要是呼吸道的感染，也会有急性无力脊髓炎（主要是由 B1 基因群引起的）。有哮喘的人比较容易感染这个病毒，感染潜伏期在 3 至 5 天，北半球的感染大都发生在 8 月与 9 月。2008 年 EV-D68 已经在全世界流行，2014 年在 20 个国家和地区有 2 000 多人受到感染，台湾地区在 2015 年至 2017 年则有 51 个病例。这个疾病没有疫苗或特效药，只能针对症状治疗。

为什么每年都有肠道病毒疫情？病毒藏在何处？

不同的肠道病毒每隔几年就在一个区域流行一次，例如 EV71 大约每三年流行一次。在小流行时，很多人都产生了对这个病毒的抗体，因为大人通常没有症状或症状轻微，所以病毒只能暂时潜伏在这些人身体里，能够传染病毒的人的密度就变得很低，病毒的传播就中止了。

在潜伏期间，病毒会经由各种突变及基因交换，产生很多变异的病毒，如果一种变种病毒因为改变了病毒的面貌，身体的抗体再也无法抑制它，那么这个变异的病毒就会起来作乱，在有这个变异病毒的人体里繁殖。而且因为其他人也没有对付这个新病毒的抗体，新病毒就会在人群中传开来，产生新的疫情。

要是没有有效控制，就会再引起下一轮的流行。如果病毒的恶性不高，传播一段时间后，因为很多人开始有抵抗这个病毒的抗体，病毒的传播就会再次中止。但如果病毒恶性程度高，造成大流行，并使一些抵抗力比较弱的人产生严重的疾病，这时人们就会警觉，采取预防的措施，传染率会降低，病毒的传播也会戛然而止。

通常，大流行产生要经过几年的酝酿累积。因为没有发生严重疾病，没有引起卫生单位的注意与警觉，病毒在被感染者之中持续演化，到了产生比较恶性的病毒而且受到感染的人数达到一定密度时，便一发不可收拾，引发大流行，并造成一些病人死亡。

第 8 章

以蚊子为媒介的病毒

登革热没有特效药

登革热（Dengue Fever）是由蚊子传染登革热病毒引起的。这种病毒有外膜，含有单链大约 11 000 个碱基的 RNA，这个 RNA 可以制造病毒所需的蛋白，分为Ⅰ、Ⅱ、Ⅲ、Ⅳ四种血清型，第五个血清型在 2013 年才被发现，潜伏期一般为 4 至 8 天，最长可达 14 天。

大部分（80%）的人没有症状或只有轻微的症状。感染后通常在 3 至 14 天后发病，症状是发高烧、头痛、后眼窝痛、呕吐、肌肉及关节疼痛。50% 至 80% 的人进一步产生出疹的现象，或出现嗜睡、躁动不安、肝脏肿大等症状，少数人会发展成登革出血热（Dengue Hemorrhagic fever）或登革休克症综合征（Dengue Shock

syndrome，病人血压很低），有血浆外渗、血小板低下
（10万以下）、出血等症状。血浆外渗会造成血液浓缩和
肺及腹部积水，出血通常在消化道，这些人通常在之前
有感染到另外一型的登革热病毒。在康复期的病人会有
瘙痒，也可能会出疹，病人会有好几个星期觉得疲倦。

　　登革热主要在亚洲亚热带地区及南美洲出现，每年
有1亿人到4亿人感染这个疾病，约有4万人死亡。台
湾地区每年都有疫情，2017年有333个境外输入病例，
10个本土病例。

　　登革热没有特效药，抑制它最主要是靠扑灭蚊虫。
2016年出现了一种疫苗，但主要是给以前有过感染的人，

也只对三分之二的人有效，可防止他们出现比较严重的症状。病人发烧需要用对乙酰氨基酚（Paracetamol）退烧，避免阿司匹林及非甾体抗炎药（NSAID），病人也需要补充水分（但要适度，以避免昏迷），也可能需要输血。

寨卡病毒，孕妇不可轻忽

寨卡病毒（Zika Virus）和登革热病毒属于同一类病毒，也是由蚊子传播的，这个病毒 1947 年在非洲乌干达的寨卡森林被发现，因此称为寨卡病毒。2007 年至 2016 年，这个病传到美国，造成流行。

寨卡病毒感染一般症状轻微，有人会出现类似登革热的症状。这个疾病没有药可治，也没有疫苗，发烧可用对乙酰氨基酚治疗，但怀孕妇女会把病毒传给胎儿，可能造成胎儿发育不良（如小头症）。

流行性乙型脑炎病毒，夏季是流行高峰

流行性乙型脑炎病毒和登革热属于同一类病毒，也是由蚊子传染的，**流行**范围扩大后会出现其他动物→蚊

→人的途径。台湾地区仍以猪为主要增幅动物，猪将病毒增幅后开始人的**流行**。

　　这个病毒有五个基因型，主要是在东南亚及西太平洋地区流行，每年大约 68 000 个病例，造成 17 000 人死亡。台湾地区在 2019 年有 21 个病例，但无人死亡，流行性乙型脑炎病毒的感染潜伏期是 2 至 26 天，大部分人并无症状，平均每 250 人中有一人会产生脑炎的病状。轻症病人会产生头痛、发烧或无菌性脑膜炎等症状，严重者则会出现头痛、高烧、脑膜刺激症状，以及昏迷、痉挛等症状，最后会有精神、神经性后遗症甚至死亡，这主要是脑中的小胶质细胞产生引发炎症反应的细胞因子造成的。

　　潜伏期一般是 5 至 15 天，流行性乙型脑炎的临床过程与预后变化较大，恢复期较长，会产生的神经性后遗症包括耳聋、肌张力异常、语言障碍、运动肌无力等。这个疾病有疫苗可以防止感染，台湾每年 3 月至 5 月，满 15 个月婴儿接种两剂疫苗，来年再种一剂，小学一年级再种一剂。

第 9 章

折磨人体的埃博拉、艾滋病与肝炎病毒

埃博拉病毒

埃博拉病毒和相关的马尔堡病毒是属于同一类的病毒,它包有像细胞膜的结构,约 80 纳米宽,但长度不一,里面含有单链的 18 000 多个碱基的 (−)RNA。进入细胞内后,这条 RNA 用来复制它自己,并做出不同信使 RNA,做出各种复制它的蛋白质。

现在已知的埃博拉病毒有五种,其中四种发现于非洲,会感染人,第五种是在菲律宾发现的,不会感染人,只会感染猿猴类及猪。1976 年首次在非洲刚果及苏丹发现了两种病毒,因那里靠近埃博拉河,病毒被命名为埃博拉病毒。病毒的来源可能是蝙蝠,人因为吃被感染的野生猩猩或其他动物而受到感染。

埃博拉病毒的潜伏期一般在 2 至 21 天，病毒主要是感染单核细胞、巨噬细胞和树突状细胞等免疫细胞，造成病毒在肝及次级淋巴组织大量复制。但光是感染细胞，并不足以造成严重的病情乃至死亡，一般只是出现疲倦、发烧、肌肉疼痛、头痛、呕吐、腹泻等症状，但如果被感染者的免疫系统过度反应，产生大量的细胞因子，T 细胞死亡造成血管壁松弛，出血热可能使器官（尤其是肝及肾）不能正常运作，从而致人死亡，有时候则是因为心脏不规律跳动而死亡，致死率平均为 50%（25% 至 90%）。

　　这种病毒的传播主要靠体液，被感染而没有死亡的人或治愈的人会继续携带病毒，这些人就需要避免体液的交换至少三个月，尤其是性交。染病后幸存下来的人仍然会有后遗症，例如肝炎、肌肉炎、心理疾病等等。

　　埃博拉病毒现在还没有有效的治疗药物，但有一个疫苗可以防止埃博拉病毒的感染，这个疫苗将埃博拉病毒的表面糖蛋白表达在一个对人无害的病毒 VSV 上面，但尚未获批上市。

艾滋病病毒

艾滋病病毒（HIV/AIDS）是一种有外膜包起来的逆转录病毒，它含有 9 000 多个碱基。艾滋病是近年人们发现的由病毒引起的疾病，但最近有人从埃及考古与《圣经》的研究中发现，艾滋病可能早已存在于古代埃及了。有人甚至据此推论，非洲及中东替新生男婴割包皮的古老传统，就有预防艾滋病的目的。

HIV-1 及 HIV-2 大概是从猿猴类的病毒演变而成的，最早是在 1959 年的刚果发现的，后来传到美国，首个艾滋病病例在 1981 年发现，病毒在同性恋者、毒品使用者间传播开来，也可通过母婴传播。每年大约有 100 万人死于艾滋病，2018 年大约 3 800 万人患上艾滋病，77 万人死亡。从发现到 2018 年，总共有 3 200 万人因艾滋病死亡，大部分的患者在非洲的南半部。台湾每年新增 2 000 多位患者，至 2017 年共有 35 930 名病患，发病者有 16 809 人，主要是通过男性同性性行为传染。

大部分的病人在感染二至四周时，只有类似流感或单核细胞增多症（mononucleosis）的症状，有的甚至没有症状，然后 40% 至 90% 的病人会出现淋巴结肿大、发烧、出疹、头痛、喉咙痛、嘴或生殖器产生疮等症状，有时会有消化道或末梢神经的问题。潜伏期一般在 3 年至 20 年，50% 至 70% 的病人会产生淋巴结肿大，再进一步产生肺囊虫肺炎（Pneumocystis pneumonia）、恶病质（cachexia）及念珠菌感染，还有一些机会性的细菌、病毒、真菌等的感染。这些人可能会有病毒引起的肿瘤，例如卡波西肉瘤（Kaposi's sarcoma）、非霍奇金淋巴瘤、宫颈癌等。

这个病毒是一种逆转录病毒，病毒主要是攻击 CD4+T 细胞，造成被感染者的免疫力下降，但有少数人在 CD4+T 细胞表面的受体 CCR5 产生了变异，对病毒有抵抗力。这个疾病没有有效的治疗药物，也没有疫苗，现在是用抗逆转录病毒的药物来降低病毒的量。

肝炎病毒

肝炎病毒分为甲、乙、丙、丁、戊五种，最常见的感染是甲肝、乙肝及丙肝病毒，这些病毒的感染会伤害到肝细胞而引起炎症反应，有时候炎症失去控制，造成进一步的伤害，产生肝硬化甚至肝癌。甲肝、丙肝、丁肝及戊肝病毒是 RNA 病毒，而乙肝病毒则是 DNA 病毒。

　　肝炎有急性及慢性之分，急性肝炎大都在一两个月内就恢复了，最多也不超过半年。所有肝炎病毒都会造成急性肝炎，但乙肝、丙肝及丁肝病毒也会造成慢性肝炎，有的慢性肝炎病情发展很慢，病情轻微，但有的慢性肝炎的病情会随时间恶化，最后会发展成肝癌，肝癌是台湾地区癌症死因的第二名（2018 年统计数据），每年死于肝癌的有 8 000 多人。

　　甲型肝炎病毒通常经由食物感染，症状为发烧、疲倦、黄疸、色尿、拉肚子，小孩大都没有症状，老人通常会有肝的症状，偶尔会产生肝衰竭，诊断需要用血液检测抗体。全球大约每年有 140 万病例，2016 年有 7 134 人因感染死亡，大都发生在卫生条件比较差的地方。这个病毒有疫苗可以防止感染，但没有治疗的办法。

　　乙型肝炎病毒有 10 个基因型，每一型在世界的分布不太一样，造成的病征也不太相同，亚洲的是 B 和 C 型。乙肝病毒传染途径为接触到受感染的血液或体液，感染乙肝病毒的潜伏期，可从 30 天至 180 天不等，平均约 75 天，大多数感染并无明显症状，但有可能发展成肝炎或肝癌。初次感染造成的急性症状，通常持续数周之后便会消退，少数会造成死亡或严重并发症。婴儿经由母亲感染乙型肝炎后，有 90% 的概率成为慢性乙肝表面抗原携带者；而 5 岁后才感染乙型肝炎的人，长大后只有不到 10% 会成为慢性表面抗原携带者。

WHO 估计 2015 年有 2.6 亿人是乙肝表面抗原携带者，约 88 万人因肝炎或肝癌死亡，台湾每年有 1 万多人死于肝炎、肝硬化及肝癌，台湾大概有 300 多万表面抗原携带者。1984 年，台湾开始对新生儿注射疫苗，表面抗原携带者已大为降低，2002 年的乙肝男性比例为 16.46%，高于女性的 11.16%，2009 年的乙型肝炎表面抗原携带率男性为 15.85%，女性为 11.06%。台大医院张美惠教授在 1997 年发表的论文指出，台湾肝癌死亡率已从接种疫苗前的每年每 10 万人中 0.52 人降至 0.13 人，从 2002 年到 2012 年的 10 年间，台湾的肝及内胆管癌病例也减少了 16%。

丙型肝炎病毒是带有外膜里面有 9 600 个碱基长的 (+)RNA 核酸，丙肝病毒主要是通过血液或体液感染，所以预防的方法就是避免注射毒品，避免共享针头、牙刷、剃胡刀，避免刺青或在身体打洞，而且如果已经感染就不要捐血，以免害了别人。急性感染后，20% 至 30% 患者有临床症状，可能出现发烧、疲倦、厌食、隐约腹部不适、恶心、呕吐或黄疸等相关症状，严重者会产生致命的急性重型肝炎，有 70% 至 80% 的感染者会演变成为慢性肝炎，更可能进一步演变成肝硬化或肝癌。

WHO 估计在 2019 年有 7 100 万人有丙型肝炎病毒的感染，大概 15% 至 25% 的人可以清除这个病毒，其他的人就会产生慢性肝炎，经过长久的感染，一部分的人会有肝硬化的症状，一部分的人则会恶化产生肝癌，有一些人则会产生动脉硬化、心血管疾病或脑的病变。这个疾病没有疫苗，但有新药可以治疗。

科学家对长久埋伏在我们身体的丙肝病毒到底如何作怪还不是很清楚，为什么有些人会致病，有些人则不会也不清楚。不过，现在已知酒精会使病情恶化（可以想见其他饮食成分也有可能会有这个效果），所以如果已经知道自己有丙肝病毒感染（很多人其实不知道），一个自保的方法就是要避免会伤肝的饮食习惯（不喝酒、不饮食过量、不吃消夜等），因为还没有疫苗，所以现在治疗都是用药来清除病毒。但病毒非常狡猾，常常会对药物产生抗性，而且这个治疗方式忽略了更基本的致病原因，也就是我们自己的免疫系统，很多科学家及药厂都想要找出丙肝病毒致病的机制，以便发现新的治疗途径。

以前，台湾的肝癌病人 90% 都有乙肝病毒或丙肝病毒的感染，但丙肝病毒感染现在已是台湾发生肝癌的主要因素。在日本，80% 至 90% 的肝癌病人也都有丙肝病毒的感染。乙肝病毒主要是由母亲传给小孩，而丙肝病毒是通过平行传染，因此乙肝病毒感染患上肝癌的病人要比丙肝病毒肝癌病人的年纪较小，乙肝病毒肝癌病人病情较严重，两种肝癌对化疗药物的反应和性别比率也不太一样。乙肝病毒肝癌病人极大部分都是男性，而丙肝病毒肝癌病人女性则大约占五分之一。感染乙肝病毒的婴儿有的在 4 岁前会发生肝母细胞瘤（hepatoblastoma），出生时重量太轻，并存在一些先天基因变异（例如 APC 基因突变，发生这个癌症的概率是一般婴儿的 800 倍），也是患上这个疾病的风险因子。

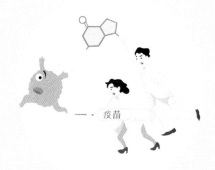

一·疫苗

PART 3

第三篇

预防、治疗与化敌为友

第 10 章

如何预防传染病

为了防止类似 1918 年的流感病毒再次造成大灾难，WHO 在全球设置实验室，主要目标是提早发现可能引发严重流行病的病毒，提早做准备。过去，美国曾经发生西尼罗病毒引起的传染病，因此美国 CDC 制定了详细的全国西尼罗病毒监控及预防指南，并在各州设立检查站，监测鸟类及蚊子的病毒，以及马和人类是否遭到感染，并建立负责单位的工作、行政单位的协调、数据共享等机制，以及研究的方向与目标。各州每年都要提出报告，以便预防传染病。对于近年来愈趋严重的登革热及肠道病毒，我们也应未雨绸缪。

环境及个人卫生

许多证据显示，近百年来，人口数量快速增加且寿命延长的主要因素，是卫生和营养的改善，疾病治疗的贡献则相对比较小。1973 年到 1976 年的《世界卫生年鉴》就指出，不管疫苗接种的比例多高，发展中国家的传染病都持续减少。前面也提到过，早期英国流行病出现的周期与粮食价格（营养状况）有密切关系。1923 年到 1953 年，索尔克疫苗发明以前，美国和英国脊髓灰质炎死亡率分别持续下降到 47% 和 55%。同样，1915 年到 1958 年，麻疹疫苗出现以前，美国的麻疹死亡率也逐年下降，1958 年时只剩 1915 年的 5%。由于这些疾病都没有有效的治疗方法，死亡率下降显然要归功于卫生条件与营养的改善。

19 世纪末，英国发生天花传染病，医生发现染病者大都住在卫生很差的小区，其中有不少还是接种过疫苗的人。

英国人在几次瘟疫后发现公共卫生的重要性，所以在 1866 年制定《卫生法》（UK Sanitary Act）。1982 年，台湾发生脊髓灰质炎流行，在 1 031 个病例中，家中没有自来水的病人数量，比有自来水的病人多了五倍。这些数字清楚地指出，环境及个人卫生的改善是预防传染病发生的重要方法。因此，美国 CDC 在 1999 年提出的报告也特别强调，水质、环境和个人卫生，是控制传染病最有效的办法。

隔离

经验和理论都告诉我们，有效隔离是遏制传染病最有效的方法。隔离（quarantine）的拉丁文"Quaresma"，意思是"四十"。14 世纪黑死病盛行，威尼斯为了防止来自疫区的船只带来瘟疫，命令所有来自疫区的船只都必须停在港内四十天后才能上岸，此后各海港都效法这个措施，这个词就变成了检疫隔离的专有名词。

在医学不发达、没有有效治疗方法的时代，隔离可说是唯一有效防堵流行病的措施。《圣经》记载了对麻风病人的隔离措施；中国汉朝有"民疾疫者，舍空邸第，为置医学"，隋朝亦有"收养疠疾，男女别坊，四时供承，务令周给"的隔离治疗措施。

病原体，尤其是病毒，需要靠宿主增殖。在有效隔离的情况下，病原体无法从一个宿主传到另一个，就无法继续增殖，传染病就中止了。但这并不能说病毒就消失了。事实上，最近的研究发现，病毒会变得较为温和，转到其他地区，产生不太引人注意的小流行病，并随季节转移到不同地区，直到病毒又变成杀伤力强大、易于传染的突变株，才会再次造成可怕的大流行病。因此，隔离只能算是暂时应急的手段，长久之计还是要找出有效的预防及治疗方法。

如何防止接触感染

传染病，顾名思义就是通过某种方式由病人传给其他人的疾病。所以自古以来瘟疫发生时，大家都很自然地避免与病人接触。真正有系统地发现病原体会经由接触传给其他人，而且可以通过消毒防止感染的，应该是艾格纳兹·塞麦尔维斯医生（Ignaz Semmelweis）。1847年，当时人们还不知道有细菌或病毒，塞麦尔维斯发现在医院由医生接生的孕妇死亡率很高，由产婆接生的孕妇死亡率反而低很多。当时医生必须学习解剖，解剖完之后又去接生。塞麦尔维斯医生怀疑，孕妇会死亡是因为医生解剖尸体之后，把病原微生物带到了产房。为了证实他的想法，塞麦尔维斯要求医生们在接生婴儿之前先将双手消毒，并换上干净的衣服，这就是医护人员穿制服的由来。孕妇死亡率果然很快就下降了。从此之后，医生看诊之前一定要洗手，穿干净的制服。

由此可见，保持个人卫生的确是防止传染病的一个重要因素。我们可以避免握手，避免接触大众触摸过的东西，例如钱币及公共场所的扶梯、按钮等等，并且养成以正确方式勤洗手的习惯。

如何防止飞沫传染

台风式的病毒传播，例如流感，大都是靠空气或口沫散播。较大的口沫滴（半径1厘米）大概最多飞行两三米就会因重力掉下来。小滴的口沫在比较干燥的地方会快速挥发，不会飞太远。但如果湿度较高，这些含有病毒的口沫会随着气流飘浮传得较远，更糟糕的是，愈小滴的口沫愈容易被吸入肺部（大滴的口沫在鼻腔就被抓住了，但如果张口说话或饮食就会直接进入气管），造成肺部感染。当然，病毒能感染的范围要视它能在空气中活多久而定。流感病毒能感染的范围很小，大都是靠近距离传染，除非是用力咳嗽或打喷嚏，口沫大量地加速度送出。打一个喷嚏大概会产生两万个大大小小的液滴，传染力很高。口蹄疫病毒可以活得很久，会造成长距离（范围可达 9 千米远）的传染。这些因素告诉我们，为什么流行病大都发生在天气不太热的季节。天气热，液滴挥发比较快，病毒也会相对不稳定。

在又干又热的地方，这种方式的传播一定更不容易。如果照这个道理推想，减少在医院内交叉感染的方法，应该是提高室内的温度、用除湿机降低湿度，让小滴的口沫快速挥发。除湿机还可以搜集空气中含有病毒的液滴，用消毒水杀掉病毒，等于过滤空气。

大家都害怕空气传来的病毒，引起 SARS 的冠状病毒在空气中能活多久？几年前的一篇研究报告指出，一种会让人感冒的冠状病毒在 20 摄氏度及 50% 相对湿度下，可在空中存活大约 67 小时；当湿度降到 30% 时，则只能活 27 小时。这种病毒最不稳定的情况则是湿度很低的环境，大约只能活 3 小时；在低温、高湿度的情况下，病毒可以活得相当长。另外一个跟感冒有关的病毒则对湿度很敏感，在低湿度时，病毒很快就没有了活性。这些研究指出，病毒能在空中能活多久，跟环境很有关系，而且每一种病毒都不太一样。如果能找出病毒最不稳定的环境条件，对于预防和控制院内感染会有很大的帮助。

第 11 章

古老却有效的疫苗

疫苗是很古老的预防流行病的方法，很早就在波斯、印度及中国被用来对抗天花。我们不知道谁先发明了这个方法，但晋朝学者葛洪曾在他写的《肘后救卒方》中提到将狂犬的脑涂在伤口，治疗遭狂犬咬伤的方法："疗狂犬咬人方：乃杀所咬之犬，取脑敷之，后不复发。"后来的几位著名医学家也都采用这个方法。

这个方法相当符合现代医学对狂犬病的了解。狂犬病是由一种 RNA 病毒引起的中枢神经疾病，因此有狂犬病的狗脑中会有病毒，晋朝葛洪的方法其实是一种疫苗免疫治疗。其实，狂犬的脑内有大量病毒蛋白，葛洪的疗法并不是将更多病毒加到病人伤口，而是一种更先进的亚单位疫苗（subunit vaccine）。这项发明比 19 世纪末法国路易·巴斯德（Louis Pasteur）用感染狂犬病的干燥兔子脊髓治疗狂犬病，早了近 1 500 年。可惜我们没有把这个方法发扬光大。但葛洪为什么知道"以毒攻毒"的"毒"位在狂犬的脑部？当时对中枢神经是否已有了解，仍需要考证。不过最近的研究指出，葛洪及巴斯德的方法在治疗被疯犬咬伤的病人时效果其实并不好，被病毒感染后再打疫苗，已经有些太迟，目前的方法是在清理伤口后，用病毒疫苗与抗狂犬病血清敷在伤口上。

提到疫苗，大家马上会想到种牛痘。牛的拉丁文是"vacca"，因此巴斯德称接种牛痘为"vaccination"，牛痘就叫"vaccine"，后来这个词就被借用为疫苗的通称，牛痘病毒也就称为"vaccinia virus"。西方医学界公认，种牛痘这种防止天花传染病的方法是 18 世纪末英国医生爱德华·詹纳（Edward Jenner）发明的。詹纳习医时，听到挤牛奶的女孩说，她们因为得过牛传染给她们的痘疮，所以不会感染天花，甚至连亲人得天花时，她们也不会被传染。詹纳替人种人痘时也注意到，得过牛传染痘疮的人，都对天花有抵抗力。他更发现，得过牛痘疮的人种人痘时，红色的发炎反应很快就会消失。他通过仔细观察得到了灵感：也许牛痘可以防止天花的感染？

治疗疾病的新纪元

1796 年，詹纳的机会来了。当时他住处附近有牛得了痘疮，有位挤牛奶的女孩刚好手上长了牛痘，为了证明他的理论，詹纳找来一名 8 岁小孩，在他父母亲的同意下做实验。他先在男孩手臂上剖了两刀，然后把牛痘种到伤口。过了几星期，他再在小男孩的手臂种上从天花病人身上取来的痘浆。这个小孩居然安然无恙。实验成功后，他又在 13 个人（包括他自己 1 岁大的小孩）身上实验，结果都如预期有效。他还注意到，太老的牛痘效果较差，这点与中医的看法相当类似。

詹纳把这个发现写成一篇报告，送到英国皇家学会发表。结果不但没有被接受，还被审查委员会训了一顿，说这个结果不符合已知的知识，而且"不可思议"。失望之余，詹纳自费出版一本 75 页的小书，叙述他实验的结果。这个历史上非常有名的实验，开启了治疗疾病的新纪元。这项发明救了很多人，欧洲人口也因此大增，对欧洲工业革命的发展有很大影响。有人估计，这项发明现在每年让 300 万名小孩免于天花的死亡威胁，是造福人类的极大成就。

当然，用现代的眼光来看，詹纳以人做实验的做法有伦理上的争议。但也有人认为，能拯救这么多人，这样的实验无可厚非。詹纳的贡献受很多人的感谢与赞扬，1806 年，美国总统杰斐逊特别写信感谢他："人类永远不会忘记您的存在，将来的国家会知道是您把可怕的天花

消灭了。"牛津大学也授予詹纳荣誉医学博士头衔，当时还在与英国打仗的拿破仑特别制作奖章赠予他，而且当詹纳写信给拿破仑，要求释放被法军俘虏的亲戚时，拿破仑还说："我不能拒绝詹纳提出的任何要求。"可见他对詹纳的尊崇。

如牛顿所说："我是站在巨人肩膀上才能看得很远。"詹纳牛痘实验的主要基础，是当时在英国及欧洲大陆普遍使用的通过种人痘来防止天花的方法。而种人痘的技术是 18 世纪初，从奥斯曼帝国回国的蒙塔古大使夫人（Lady Mary Wartley-Montague），把她在奥斯曼帝国看到的治疗天花的神奇方法带回英国。她要医生在她女儿身上种痘（天花病人身上的痘脓汁），并得到王室的同意，用孤儿和囚犯做实验。结果实验相当成功，种痘小孩得天花的死亡率，是没有种痘的小孩的六分之一到七分之一。虽然这个方法相当危险，但效果有目共睹，立刻传遍欧洲。这种尝试并非只发生在欧洲，几乎同时（1721年），美国波士顿的科顿·马瑟（Cotton Mather）牧师与伊泽基尔·博伊尔斯顿（Ezekial Boylston）医生也提倡相同的治疗方法。当时很多人不敢种痘，但事实上，这个新方法使波士顿的死亡人数少了很多（有 35% 的波士顿市民死于 1752 年的瘟疫）。

这个方法如果没有传到美国，世界历史恐怕就要改写了。美国独立战争胜负未分时，暴发了天花大流行（1775—1782 年），幸好有这个新的治疗方法，华盛顿将军也下令士兵接种人痘，防止天花在军队蔓延，减少死亡人数，否则后果不堪设想。美国若因天花流行病而独立失败，世界近代史可能从此不同。

种痘的历史

蒙塔古夫人从奥斯曼帝国带回来的新方法，比詹纳的牛痘在英国实施早了数十年，也在欧洲大陆实行了一段时间。后来的研究发现，詹纳小时候也接种过人痘，因此有人认为，詹纳的牛痘并非什么新想法，不是多伟大的发现。不过事实上，詹纳发明的牛痘的确对天花流行病的控制有很大的贡献。蒙塔古夫人的人痘接种方法（事实上是从中国传去的老方法）最后没有成功，原因是：一、接种人痘相当危险，接种的人很可能会得天花（稍后我们会谈到中医如何减少它的毒性）；二、当时的社会只有少数贵族及有钱人才能享有医生照顾的特权，这种特殊的方法不易推广到一般大众；三、等到有人痘可以用来接种时，天花显然已经开始流行，用人痘预防已经有些太晚；四、人痘的供给来源不易找到。

这些因素显示，接种人痘预防天花大流行有其困难。而牛痘取得容易，也不至于到流行病发生后才拿得到接种的材料，危险性又低，种牛痘比种人痘容易推广，造福大众。正如牛顿所说，人类的发明都是站在巨人肩膀上诞生的，种痘预防天花虽是在詹纳之前就有的观念及技术，却一点也不会降低大家对这项医学史上伟大成就的评价。

18世纪英国人发现前述奥斯曼帝国的神奇治疗法时，它在东方已经有相当长的历史。这个方法据说是在清初时由中国传入的。1688年，俄国派人到当时的大清帝国学种痘的医疗方法，因此至少在那时候，中国种痘预防天花的方法已经相当出名。中国早在商朝就有天花流行，发明对抗这种传染病的方法是迟早的事。隋朝的《诸病源候论》已有吞服恙虫粉预防恙虫病的处方；明代时，种痘法已相当普遍；清朝更有《种痘新书》及《种疫心法》等专书出现。

据说，10世纪宋真宗时，丞相王旦因为第一个儿子得天花病死，非常担心第二个儿子也得天花。因此，听闻峨眉山有人种人痘防止天花时，就带儿子去求医，让儿子终生免疫。东西方学者都引述这个故事，说明中国早在10世纪就有接种人痘预防天花的技术。不过，这个故事是清朝接种人痘的中医朱纯嘏所说的，信不信由你。当然，有人会问，中国种人痘的历史这么久，为什么没有发明比较安全的牛痘呢？我（半开玩笑）的答案是，中国人不喝牛奶，看不到手上有牛痘而不会得天花的挤牛奶姑娘。

那么，宋朝峨眉山的种痘法是哪里来的？有人认为可能是从印度传来的，印度很早就有这种种痘法（称为Tikah），用铁针接种。1803年，这个方法被英国政府以不人道为理由禁止。但请注意，这个方法和宋朝的纳鼻法是不同的。另外，四川靠近印度，自古就跟印度有经贸往来，从四川开始是合理的。根据上述传说，宋朝的种痘技术在峨眉山的寺庙中，而寺庙又与印度佛教及文化有不可分的渊源。不过事实如何，恐怕仍需要进一步考证。

事实上，英国詹纳的那种牛痘，在明朝李时珍所著的《本草纲目》已有记载，而且还是用先进的口服法。

明朝的《本草纲目》（1596年刊行）写着："用白水牛虱一岁一枚，和米粉作饼，与儿空腹食之，取下恶粪，终身可免痘疮之患。一方：用白牛虱四十九枚（焙），绿豆四十九粒，朱砂四分九厘，研末，炼蜜丸小豆大，以绿豆汤下。"牛虱吸了含有天花病毒的血，吃下牛虱就等于疫苗，显然中国在明朝以前已有天花的免疫治疗方法，只是没有发扬光大，非常可惜，这个方法看起来比种牛痘更好。我对中医的文献不熟，中医药界学者应对中国在免疫学方面的发展及贡献做一番整理和考据，说不定在古籍里还会找到一些有趣、富启发性的东西。

脊髓灰质炎疫苗与流感疫苗

最早发明脊髓灰质炎疫苗的是希拉里·科普罗夫斯基（Hilary Koprowski），1950年他用减活的病毒制作疫苗给小孩吃，但疫苗并没有得到美国政府的批准，1955年才由乔纳斯·索尔克（Jonas Salk）制作出来的灭活病毒疫苗取代。1962年，阿尔伯特·萨宾（Albert Sabin）发明了另外一种减毒疫苗，可以取代需要注射的灭活病毒疫苗。但因为疫苗需要冷藏，在热带及偏远地区使用很不方便。接种减毒疫苗者约每一百万人中有五千人可能患脊髓灰质炎，因此美国政府在 2000 年之后，都采用灭活病毒疫苗。

最早的流感疫苗是密歇根大学教授托马斯·弗朗西斯（Thomas Francis，索尔克疫苗的发明人索尔克的老师）在 1944 年做出来的。他分别在 1940 年及 1943 年分离出乙型及甲型流感病毒。当时正值第二次世界大战，美国国防部很担心 1918 年在战场上发生严重流感的情况会重演，因此在 1941 年成立抗流感委员会，请弗朗西斯教授担任第一任主任委员。他用鸡胚大量培养流感病毒来制作疫苗，1942 年开始在密歇根的两家医院试验甲型及乙型混合灭活病毒疫苗（另外一个试验则在康奈尔大学进行）。他先在 200 名因犯志愿者身上（在那个时代是很常用的方法）进行试验，后来扩大到 8 000 多人，结果相当成功，这个工作的助理研究员之一，就是后来大名鼎鼎的索尔克。

早在 1938 年，索尔克还在纽约大学读医科时，就到弗朗西斯的实验室做实验，弗朗西斯在 1942 年提拔他为助理教授。这项实验完成后，索尔克在 1947 年被匹兹堡大学聘请为病毒研究室的主任，他在那里运用跟弗朗西斯学到的疫苗技术及弗朗西斯教授对于脊髓灰质炎多年的研究成果，继续研发脊髓灰质炎疫苗的工作，终于在1955年成功研发出知名的索尔克疫苗。他的老师也全力帮助设计、进行疫苗试验（在44万小孩接种疫苗的巨大试验），并进行疫苗的安全测试及评估。

但脊髓灰质炎疫苗成功后，索尔克不但没有感激他的老师，还反过来批评弗朗西斯，他也没有与其他工作伙伴共享功劳，而是把功劳全部归给自己，这引起了很多人对索尔克的不满。索尔克很可能因此没被选上美国科学院院士，也没有得到诺贝尔奖。不用说，弗朗西斯更是气昏了，现在大家都把脊髓灰质炎疫苗归功于索尔克，但我想弗朗西斯应该才是索尔克疫苗的主要贡献者（疫苗技术、疫苗试验设计及安全评估准则、脊髓灰质炎的流行病学研究等），至少也有一半的功劳，但现在却没有人记得这位索尔克疫苗的背后功臣，我特别把这段历史找出来，希望还弗朗西斯教授一个公道。

在这个故事中，我们可以看到科学发展史上，运气扮演很大的角色。弗朗西斯因为政府的需求而投入流感疫苗的研发，把脊髓灰质炎疫苗的工作交给了学生索尔克，但弗朗西斯面对的是一个千变万化的狡猾病毒，他努力研发出来的疫苗无法每年都有效，而且流感影响的大多是老年人，大家并没有感到这个疾病构成了很大的威胁，因此他的早期贡献现在都被大家遗忘了。相反，索尔克面对的是一个凶恶但笨笨的病毒，他做出来的疫苗很容易对付这个老粗病毒，一下子就使大家非常害怕的脊髓灰质炎绝迹了。美国出生缺陷基金会为了募款，更把索尔克捧上天，让索尔克流芳百世，两人的遭遇非常不同。

流感疫苗的制作

流感疫苗是怎么做出来的？这是很重要的问题，因为疫苗是要用来防范流感病毒的，但流感病毒有很多种，我们怎么知道即将感染我们的是哪一种病毒？老实说，流感病毒有很多种，变化又很快，实在没有人能预测下一个要来侵犯的是哪一种病毒。卫生官员和科学家只能根据过去几年出现的流感病毒，以及各地流感监测站送来的最新报告来判断，但疫苗的制作需要四到六个月，因此有时候已经在制作阶段时，才发现疫苗可能没有用。

美国 1947 年制造的疫苗就猜错病毒，造成疫苗的失败。因为出现病例的甲 3 亚型福建流感株（H3N2）和疫苗防范的病毒不同，美国 2003 年冬天的流感疫苗可能就算是一个失败的例子，它的防护效率只有 0% 到 60%。美国做的大规模流感病毒基因测序发现了一个不常见的 H3N2 病毒株，它和 2002 年到 2003 年流行的病毒产生混种，这个新毒株的感染力很强，成为 2003 年冬天的主要病原体，这是设计疫苗的专家没有预料到的，这造成了 2003 年到 2004 年疫苗效率不彰的问题。但后来的研究证实，这个疫苗对于小孩还是有 94% 的保护效果，可能是这个新病毒对小孩子的毒性比较低，但是否如此还有待进一步的研究。

为了避免猜错病毒，美国 CDC 及 WHO 的做法就像买彩票，猜一个可能不对，那就多猜几个，猜对的概率就会高一些，这就是为什么现在的流感疫苗都是由三种不同的流感病毒制成的，大概涵盖了 77% 在世界上流行的病毒。例如，1999 年到 2000 年的疫苗是用北京、山东及悉尼的三种病毒混合而成的，2004 年到 2005 年的疫苗则是用福建、上海及新喀里多尼亚（New Caledonia，南太平洋的小岛）的病毒。

首先，在鸡胚里培养这三种病毒，然后用化学药品杀死病毒后，做成疫苗。这种疫苗就是所谓的灭活病毒疫苗，我们只是把病毒的"尸体"送到身体里面，让我们的免疫系统可以认识敌人长什么样，作为演习之用，以备真正的敌人入侵时，可以认出这些敌人并用准备好的武器消灭敌人。但这种疫苗的缺点是它引发的免疫时间只有一年，而且因为每年入侵的病毒可能不同（每年美国 CDC 的官员最头痛的就是要猜下一次制作疫苗的病毒，现在都用四种病毒，对 65 岁以上的人使用三种病毒的疫苗，因为 65 岁以上的人免疫力较差），所以每年都需要制备新的疫苗，非常麻烦。相对的，脊髓灰质炎疫苗就简单得多，一次就一劳永逸。

流感疫苗的防护效率有多高？ 1985 年到 1990 年的 5 年临床试验研究 791 位 16 岁以下的青少年及儿童，发现注射流感疫苗对于 91% 的 H1N1 病毒有保护作用，但对于 H3N2 病毒的感染则最多只有 77% 的保护效果，一般来说只有 10% 到 60%。显然，疫苗病毒是否能够有效保护我们，和真正攻击我们的病毒有关。疫苗病毒跟入侵我们身体的病毒愈像，防护的效率就愈高。

台湾现在的疫苗是向美国购买的，如果在台湾流行的病毒和美国 CDC 猜的不一样，疫苗的效率就要打折扣了。根据台北医学大学万芳医院的资料，1997 年到 2004

年的疫苗和台湾流行的病毒种类就有些落差，比如乙型病毒的符合率只有 47%，H3N2 的符合率也只有 53%，台湾流感多发，实在有必要制造自己的疫苗来保护自己，但要做出自己的疫苗，除了要有很好的疫苗制造厂，还要有很好的配套措施，比如需要建立有效的检测系统及流感病毒实验室，并且鼓励大学及研究单位从事流感相关的研究，以培育所需的人才，临时抱佛脚是行不通的。

疫苗对于老年人的防护效果，就比青少年差了很多。这是因为我们身体免疫系统的运作会随着年龄而改变，老年人的免疫系统通常无法杀死被感染的细胞，也不容易把病毒从肺部清除掉，因此疫苗带来的保护效果就比较差。所以，最近有人想针对老年人免疫系统的运作设计新的疫苗，但流感疫苗对老年人的作用主要是降低并发症的发生，并降低死亡率。根据美国的统计，注射流感疫苗可以使老年人死亡率降低 80%。但美国注射疫苗的防护效率在 2018 年只有 29%，实在很低。

有人认为疫苗效果的评估做得并不好，因为问卷问题的设计对评估结果有很大的影响，所以疫苗的效果到底有多好，还是见仁见智。疫苗效率的评估其实非常难做得很好。

谁该打流感疫苗？

一般而言，想预防流感的人都可以打疫苗。而 65 岁以上的人、孕妇，以及照顾流感病人的人员则有必要注射疫苗。可能会因为流感而产生并发症的人，例如哮喘、慢性心肺疾病的患者也都应该注射。但下列的人士就不应该打流感疫苗：一、对鸡蛋过敏的人（因为疫苗是在鸡蛋里制作的）；二、曾经对流感疫苗有不良反应的人；三、六个月以下的婴儿；四、正在生病发烧的人；五、会引起吉兰－巴雷综合征（Guillan-Barre Syndrome，一种肌肉麻痹症）的人。根据已发表的报告，疫苗注射对于孕妇是安全的，孕妇是流感流行时的高危险群，因此有必要注射疫苗。疫苗对于接受心脏移植的患者也是安全的。

H5N1 疫苗的一线曙光

针对 H5N1 禽流感的威胁，美国已经开始制造 H5N1 的疫苗。美国圣犹达儿童研究医院就把从越南的患者身上得到的病毒，做成毒性较低的变种来制成疫苗。但这个初期的疫苗需要很高的剂量才能引起身体产生抗体，因此如果真的发生 H5N1 病毒的大流行，要制造这么大量的疫苗可能缓不济急，显然研发这个疫苗并非如想象那么容易。

就算可以赶快去制造抵抗大流感病毒的疫苗，现在世界制造疫苗的产能最多只够生产 4.5 亿人使用的量。因此好几家药厂都在想办法解决这个问题，他们都想用新的疫苗佐剂（adjuvant，是一种帮助疫苗引起身体免疫系统产生抗体的化学物质）增强疫苗的效力，这样一来就可以大幅降低疫苗的需求量。被诺华（Norvatis）合并的凯龙（Chiron）药厂发明了一种叫 MF59 的疫苗佐剂，初步的实验结果显示这个佐剂不但可以增强疫苗的效力来保护老年人，而且产生的抗体的效力看起来不怕病毒的变种。他们把 1997 年香港的 H5N1 病毒制成疫苗，为志愿者注射，结果发现对 2003 年到 2004 年在亚洲出现的变种 H5N1 病毒也有效，这是相当令人振奋的消息。但到现在为止，大家对于疫苗佐剂如何作用，还不是很清楚，MF59 为什么可以让疫苗不怕变种，也还没有答案，这个新方法仍然需要进一步的人体实验，请让我们拭目以待吧。

最近也有人提出用皮下注射（现行的办法是肌肉注射）来提高疫苗效力，用这种方法可以降低疫苗的剂量至二分之一到五分之一，在流感大流行、疫苗不够用时不失为一个应急的好办法。

活病毒鼻腔喷雾疫苗

现在使用的流感疫苗都是灭活病毒疫苗，这种疫苗有两个缺点。第一，疫苗以注射方式打入肌肉，但病毒是从我们鼻腔进入的，这就好像把防线放在后方，敌人进攻的前线却不设防一样缺乏效率。第二，灭活病毒疫苗的有效期有限，因此有人开始发展一种新的活疫苗，从鼻腔喷入毒性很低的活病毒来感染我们，以产生有效抗体来对付毒性高的病毒。

这种活毒疫苗（FluMist）是密歇根大学公共卫生学院的马阿沙布教授（Hunein John Maassab）研发的。他在实验室中培养制作疫苗的三种流感病毒，然后筛选出只能在低温生长的病毒来做活疫苗，因为我们肺部的温度比鼻腔高，因此这种病毒只会在鼻腔繁殖，而不会感染肺部（肺部是流感病毒致病的地方）。在鼻腔繁殖的病毒会持续刺激我们的免疫系统来对抗流感病毒，但不会让我们生病，这种疫苗的效率高达92%，注射疫苗的防护效率则是77%（H3N2病毒）或91%（H1N1病毒）。

但小于5岁的小孩、孕妇或超过50岁的大人都不能用这种疫苗，因为他们的免疫系统较弱，可能会无法控制低毒性病毒，反而造成染病。有哮喘和免疫力较差的人（如艾滋病或癌症病人）也都不适用这种疫苗。服用阿司匹林的小孩也不适合使用这种疫苗，会有莱耶综合征的风险。孕妇不能用这种疫苗，则是怕会影响胎儿发育。当然，已经生病、在流鼻涕的人用这种疫苗是没有效的，但已经打了灭活病毒疫苗的人也可以再使用这种疫苗。

这个方法已在2003年10月经由美国食品药品监督管理局(FDA)批准上市，由密歇根大学授权Med Immune生物技术公司制造与售卖，密歇根大学也因此发了一笔财。

活病毒疫苗的好处是它会在我们身体里繁殖，可以持续刺激免疫系统对抗病毒。这是最古老的疫苗，晋朝葛洪就用这个方法来治疗狂犬病，后来在中国发展的天花疫苗及英国詹纳发明的牛痘，也是用这种方法。现在使用的萨宾脊髓灰质炎疫苗就是活病毒疫苗，但活病毒疫苗的病毒毒性一定要很低，也要保证它变成高毒性病毒的概率很低，否则反而会造成使用者生病，萨宾疫苗就发生过好几次这样的不幸事件。这种喷入鼻腔的疫苗，除了因为鼻腔温度较低，鼻腔黏膜也是能有效引起免疫反应的地方，中国古代预防天花的方法就是把毒性降低的病毒吹入鼻腔内，比西方后来发展出来的方法至少早了四五百年。

因为疫苗病毒在鼻腔繁殖，所以会有流鼻涕、喉咙痛、咳嗽、头痛、发烧、肌肉酸痛等感冒常见症状的副作用，但通常都很轻微，而且短时间内就会消失。

保护高危人群

每年流感季节到来时，政府都会呼吁老年人注射疫苗，这是基于老年人得了流感的死亡率较高的情况，所以将老年人列为优先注射对象。但老年人注射疫苗真的有保护的效果吗？最近英、美两国的研究都认为，流感疫苗对于保护老人的效果并不好，英国著名的《柳叶刀》医学杂志在 2005 年 9 月登载一篇有关老年人注射流感疫苗效果的评估，该篇综合 64 个研究的文章认为，老年人注射疫苗的效果并不好，入院率只降低了三到四成。

另外，美国国立卫生研究院 2005 年 2 月的研究报告也显示，老年人注射疫苗的保护效果不太好，尽管从 1980 年到 2000 年，老年人注射疫苗的比例从 15% 持续上升到 65%，但老人得流感的死亡率并没有降低。

那么幼儿是否比较容易得流感而需要注射疫苗？在美国，大约 30% 的小孩会得流感，从 1973 年到 1993 年的统计数据显示，美国每年平均因为流感病毒引发心肺疾病而必须住院的小孩，年龄在 6 个月以下的小孩，每 10 万人中就有 103.8 人；年龄介于 6 到 12 个月的小孩，每 10 万人有 49.6 个；5 岁至 15 岁的小孩，每 10 万人中则有 4.1 人。如果再加上门诊的病患，1 岁以下的幼儿是容易受到病毒伤害的群体，这些数据显示，幼儿的确有注射疫苗的必要。

那么，容易生病的幼儿注射流感疫苗是否有效？很奇怪的是，虽然疫苗注射已经实施多年，却很少有关于幼儿注射疫苗的必要性及安全性的报告，乙型病毒疫苗对幼儿安全性的评估，只有一篇 30 年前的报告，报告也只针对 35 个 12 至 28 月大的婴儿，其他的报告都是针

对 3 岁以上的小孩，而出产活病毒鼻腔喷雾疫苗的 Med
Immune 生物技术公司更拒绝提供这方面的数据。终于在
2005 年 2 月，《柳叶刀》医学杂志上刊出一篇有关两岁
以下幼儿注射流感疫苗的评估报告，这篇报告的结论是，
流感疫苗对于幼儿并没有保护作用。从这个资料看来，
两岁以下的幼儿并没有注射疫苗的必要。

　　如果老年人打疫苗的效果不好，幼儿又没有效，那
么从公共卫生的角度来看，谁才是应该优先注射疫苗的
对象？有人认为是学童，因为每次流感季节总有约 30%
的学童受到感染，这个活泼的群体才是散播病毒的主要
源头，但有没有证据支持这个说法？科学家选择了两个
城镇做实验，在 A 城对 20% 到 25% 的学童注射疫苗，但
在 B 城镇没有对学童注射疫苗，结果发现 A 城镇的大人
得流感的比例减少了许多。

　　日本的数据更为有力，日本学童依法必须注射疫苗，
老年人则没有注射疫苗。从 1972 年到 1987 年的数据显
示，在这种制度下，老年人的流感死亡率逐年下降，制
度停止后，老年人的死亡率又回升了。这可能是因为学
童容易在学校得流感，回家后会传给家人。

　　孕妇也是流感的高危人群，1998 年的报告显示，孕

妇得了流感后比较容易因为产生心肺疾病而住院。因此，美国在 2004 年把孕妇列为流感高危人群，但孕妇注射流感疫苗的比例仍然很低，加拿大则认为有心肺疾病的孕妇，才需要列为高危人群。

从这些研究看来，我们应该优先对下列群体注射疫苗：一、有心肺疾病的高危人群；二、学童；三、照顾病患的医护人员。

有心肺疾病的高危人群健康状况本来就不好，流感病毒的感染会使病情加剧。例如，来自美国的数据显示，一般妇女因为得了流感而住院及死亡的比率，每 10 万人只有 4 至 6 人。但有心肺疾病的妇女因流感而住院死亡的比率，在 15 岁到 44 岁的人群中，每 10 万人会增加到23 人，在 45 岁到 64 岁的人群中，每 10 万人更多达 58人。因此，疫苗的主要作用就是减少这一类高危人群的死亡率。

流感疫苗的副作用

注射流感疫苗的副作用很小，有时候会有低烧、肌肉酸痛等轻微症状，但少数人会有过敏反应。1976 年注射的疫苗曾经引起吉兰－巴雷综合征的副作用，但后来的疫苗大多没有这个问题。吉兰－巴雷综合征这种副作用，是在1976年到1977年注射疫苗时发现的。这个副作用在美国已经逐年减少，1993年到1994年的疫苗注射，发生率是每10万人中有0.17人；到了2002年到2003年时，发生率则已降至每10万人中有0.04人。

　　吉兰－巴雷综合征是什么呢？这是一种自体免疫疾病，病人的免疫系统会攻击外周神经系统，造成急性肌肉无力及病人瘫痪、呼吸困难，严重的甚至会致命，但绝大多数的病人都可以康复。这个病的起因不详，现在猜测可能是外来病原体上的糖分子和神经细胞上的糖分子结构很像，使得想消除病原体的免疫系统认错，才会去攻击神经细胞。因此，不只是流感疫苗才会引起这个症状，其他预防病菌感染的疫苗，或者病菌、病毒的感染，有时候也会产生这个症状。但为什么有些人会出现这个症状，有些人则不会，仍有待进一步研究。这个疾病通常会以血浆交换疗法或类固醇来治疗。

　　虽然流感病毒千变万化让我们"抓龟走鳖"，有些科学家还是认为乱中有序，流感病毒的变化一定有我们还不知道的法则。有人就想通过程序设计，用预测气象的方法来分析过去流感病毒的基因变化，希望能从复杂的数据中找到头绪，让我们可以像气象预报一样，预测下一个来袭的病毒风暴，并且让我们能提早制作出有效的疫苗。

疫苗的污染危机

　　疫苗的一个问题是，它并不只包括引起我们的身体开始对抗的病毒。例如，疫苗中渗有帮助启动免疫系统的佐剂，有些疫苗含少量的汞，这些物质对健康的长期影响尚不清楚。另一个比较困难的问题是，疫苗病毒必须在实验室用细胞大量培养，但用这种方式培养出来的病毒，会不会夹杂着细胞本来就有的未知病毒？这个忧虑并非没有根据，最有名的是20世纪50年代脊髓灰质炎疫苗（索尔克及萨宾疫苗）被猴子病毒污染的事件。

　　1960年，科学家在用来制备疫苗的猴子肾细胞中，发现了一种叫SV40的新DNA病毒。更令人担忧的是，这种新病毒会使豚鼠产生肿瘤，忧心的科学家赶紧检查疫苗是否有受到猴子病毒的污染。最令他们担心的事果然发生了！就连用灭活病毒制作的索尔克疫苗，都含有活的 SV40 病毒。甚至在 1961 年，美国政府下令销毁被污染的疫苗后，药厂送出的疫苗仍含有 SV40。索尔克疫苗已经过甲醛处理，药厂以为应该没有问题。但研究发现，甲醛并没有完全杀掉污染索尔克疫苗的猴子病毒。这时估计已经有 1 000 万到 3 000 万美国人，在 1955 年至 1963 年之间注射了遭污染的疫苗，若再加上其他国家，共有约一亿人注射了这些疫苗。

这种猴子病毒被证实会在动物体内产生肿瘤，是否也会造成注射疫苗者患上癌症，令人担心。1973 年至 1975 年，我在斯坦福大学从事 SV40 病毒研究工作时，从老一辈科学家那里听到较不为人所知的故事。当时有科学家找囚犯志愿者进行实验，注射了大量的 SV40 病毒，结果发现这种病毒至少在短期内对这些囚犯没有明显的影响。有些人则把病毒打到癌症末期的志愿者体内，也并未发现对这些人产生影响。

后来，美国对一群注射了病毒污染疫苗的小孩做长期追踪，20 年后发现，他们跟一般人比起来并没有什么特别的疾病。英国及其他国家的研究，也没有发现较高的癌症发生率。不过，这个阴影一直存在于被注射者心中，有些癌症病人因为肿瘤活检样本中有 SV40 病毒，控

告当时制造疫苗的药厂。美国政府在国会要求下，成立
由专家组成的委员会，调查注射了 SV40 病毒污染的疫苗
对人体健康的影响。委员会在 2002 年的结论是：没有证
据显示这种病毒造成许多人罹患癌症，有些比较少见的
癌症（间皮瘤、脑瘤、非霍奇金淋巴瘤及骨癌）可能与
这种病毒有些关系，但仍需要做进一步研究。

　　事实上，现在发现，20 世纪 50 年代的腺病毒疫苗也
遭到 SV40 病毒污染。虽然美国已改用没有 SV40 病毒的
猴子细胞生产疫苗，但因为新细胞来自非洲的猴子，这
种猴子体内很多都有和艾滋病病毒很类似的病毒，因此
最近也有人质疑，艾滋病开始传播是否是注射了含有非
洲猴子艾滋病病毒的脊髓灰质炎疫苗所引起的。幸好经
过检测后，已经排除这个可能性。最近也有人发现，脊
髓灰质炎疫苗中夹杂有另一种猴子病毒的遗传物质，幸
好也没有检测到活性的病毒。大家对于细胞培养出来的
疫苗（尤其是活疫苗）都存着怀疑的态度，因为要完全
确定这样的疫苗没有任何有害的生物物质污染，实在不
是件容易的事。这也是用生物科技制造的疫苗让人比较
放心的原因。

疫苗也有可能失败

虽然疫苗的发明对传染病的控制有很大帮助，活病毒疫苗对大部分人也都相当安全，但在少数人也会引发病毒感染甚至死亡，有的人会对疫苗产生过敏反应，严重的甚至会死亡。注射天花疫苗，每100万人中大约50人会有严重的感染反应；每11万人中有1人可能得脑膜炎，而得了脑膜炎的人其中一半会因而死亡。最近的医学报告也指出，天花疫苗和心肌炎有密切关系。家长最关心的婴儿注射麻腮风三联疫苗，在注射三联疫苗的婴儿中，每10万人大概会有1人出现副作用。近来也有很多三联疫苗对人体健康影响的争论。有人提出一些证据，怀疑小孩自闭症是这个疫苗引起的，不过各国研究都不支持这个论点。而水痘疫苗则会产生中耳感染的副作用。减活病毒疫苗虽然毒性低，但也有可能经由突变转成毒性很强的病毒。最近日本在废水里发现许多脊髓灰质炎疫苗的突变株，相当令人担心。

疫苗最失败的例子，是1960年至1980年这20年间，美国进行的RSV疫苗试验。研发这个病毒疫苗，是因为两岁以下的小孩常受病毒感染而患上气管炎，却没有有效的治疗方法，造成很大的问题。在发现引发这种疾病的病毒后，大家都把希望放在疫苗上。经过一番努力，科学家终于制造出第一批灭活病毒疫苗。令科学家相当意外的是，注射疫苗的人被病毒感染后，不但不能免疫，有些婴儿反而产生更严重的感染而死亡。这起事件让许多人对疫苗失去信心。研究猴子及老鼠的结果告诉我们，这种疫苗不但不能阻止病毒生长，反而使病毒生长更快。我们现在了解了，发生这种现象是因为身体对疫苗产生的抗体中，有一些反而把病毒带入细胞，造成更大的感染。这是疫苗专家始料未及的，这个教训也让人对疫苗的制造更加小心。了解失败原因后，目前已在使用亚单位疫苗（只用病毒中的某一个蛋白刺激人体对病毒的免疫力）进行试验。初期的结果还令人满意，但为了安全考虑，仍需 5 至 10 年才能上市。在等待的这段时间，我们只能期待药厂早日找到对抗 RSV 的药。

　　另外一个失败的例子是 1947 年的流感疫苗。当时使用的疫苗是 1943 年和 1945 年两次流感都有效的疫苗，但这一次却完全无效，因为 1947 年的病毒已经发生突变。近代疫苗失败的例子则是艾滋病病毒的疫苗，这个病毒正在造成全球的大流行病，到 2002 年为止，全世界有

4 000多万人受到感染，光是2002年就有500多万人死于艾滋病。对付这个恐怖疾病最大的困难，是没有有效的治疗方法，因此许多科学家想用疫苗控制。不过，因为这种病毒有好几个隐藏自己不让抗体发现的方法，所以到目前为止，所有疫苗的尝试都不成功。最近有科学家突破抗体形状的限制，发展出一种可以深入病毒表面的"超级抗体"，目前仍在实验阶段。即使如此，科学家仍然相信，百密必有一疏，也许当我们对艾滋病病毒的躲藏策略有更清楚的认知时，就可设计出有效的疫苗。

当然，总会有人不相信疫苗的用处。他们用数据指出，很多时候打过疫苗者的死亡率反而高于以前没有打疫苗的年份。同样强制注射天花疫苗多年的英国和菲律宾，天花的死亡率也有很大差别。相对贫穷、卫生条件较差的地方，人们打了疫苗之后，死亡率反而比较为富有但没有打疫苗的地方高出很多。他们认为这类的结果显示，20世纪传染病的减少，主要是营养和卫生的改进增强了人类的抵抗力，疫苗对传染病的效果其实被夸大了。这种想法虽然有些道理，但引用的数据都比较旧，描述的结果也很可能是由于疫苗的技术尚未成熟的缘故。

近代疫苗的种类及发展

生物科技发展以前，疫苗大约可分为两种：用活病毒做疫苗，以及用杀死的病毒做疫苗。中国古代的种痘方法与詹纳的牛痘都是活病毒疫苗。可以想见，用活病毒做疫苗相当危险，接种人痘后，有时不但没产生保护效果，反而使人得了天花。在古代中国，为了减少危险性而发明了"熟苗法"。做法是把人痘的脓汁（最早开始用的人痘叫"时苗"）种入第一个人，产生的人痘再种入第二个人，以此类推。这样连续转种后，产生的疫苗就叫"熟苗"。熟苗的危险性比"时苗"低很多，清朝中医朱奕梁就说："其苗传种愈久，则药力之提拔愈清，人工之选炼愈熟，火毒汰尽，药力独存，所以万全而无害也。"前面提过朱纯嘏说的故事中，描述接种人痘的方法是："其法以尖圆红润四字俱全痘痂研末纳于男左女右之鼻孔内。"这个方法在《医宗金鉴》里，还分所谓"水苗法"及"旱苗法"，水苗法就是把放在液体中的痘苗涂在鼻孔内，旱苗法则是把磨细的痘苗吹入鼻孔。

从现代生物医学的观点看这个叙述，相当有趣。第一，研磨干燥的动作可以降低疫苗的活性，减少病人患

天花的可能性，符合现代疫苗的观念；第二，近几年的
研究认为，用疫苗在鼻孔黏膜引发黏膜免疫反应，是疫
苗最有效的办法。宋朝医生（据说是位尼姑）的"纳入
鼻孔内"真是神来之笔，而且早了西方一千年。至于上
述"男左女右"是不是也有科学根据，则留待有兴趣的
人研究了。

疫苗新技术

　　这种以降低毒性的疫苗对抗传染病的做法，19、20
世纪又重新在西方发现。19世纪巴斯德降低疫苗毒性
的做法，是将含有病毒的兔子脊髓干燥；1937年，马克
斯·泰勒（Max Theiler）将黄热病毒在鸡胚中连续转染，
最早制造出毒性降低的病毒株，并因此获得1951年的诺
贝尔生理学或医学奖。1952年，科普罗夫斯基也用相似
的方法制造出脊髓灰质炎的活病毒疫苗，并且在非洲做
人体实验。不过，这些疫苗的病毒成分仍然相当复杂。
为了改良这种疫苗，萨宾用当时很先进的动物细胞培养
技术，以及分离单株病毒的办法，找出活病毒疫苗对老
鼠神经毒性最低的病毒株来做疫苗。

活病毒疫苗除了能使免疫系统持续受到病毒刺激，产生免疫力之外，低活性的病毒也会随粪便排出，感染没有打疫苗的人，扩大疫苗的效果（理论上如此，但有些人不同意这种看法）。只是活病毒疫苗最令人担心的就是可能突变成为毒性更强的病毒，造成新的流行病。1968 年在波兰，以及 2000 年到 2001 年在多米尼加和海地的脊髓灰质炎流行，就是这样发生的。

在快速发展的分子生物学的帮助下，我们对一些传染病病毒的分子结构已经知道得相当清楚。有了这些知识，我们可以利用生物科技，制造会引起人体对病毒产生免疫反应的病毒蛋白，然后用这个人造蛋白做疫苗，这就是所称的亚单位疫苗或重组疫苗（recombinant vaccine）。

这种疫苗的好处是成分与纯度比较容易掌控，不像病毒疫苗，我们并不知道其中会有什么未知、有害的病原体或物质掺杂其中。另外，这种疫苗绝对没有感染性，也不会产生突变，缺点是其引发的免疫力不像活病毒疫苗那样具有长期的效果。不过，在像呼吸道合胞病毒这种无法使用病毒疫苗的情形下，这种疫苗是唯一的选择。有人认为，在体外合成的病毒蛋白的结构，可能和这个蛋白在病毒颗粒上的结构不太一样，担心它对入侵的病毒效果不好。因此，科学家研发出一种"假病毒"的疫苗，用无害的核酸取代病毒颗粒中的病毒核酸。从外面看来，这个假病毒和真病毒没有两样，但因为已经没有病毒的遗传物质，所以不用担心感染的问题。

这种用基因工程技术制造疫苗的方法，需要结合基因工程技术与计算机分子仿真技术，甚至最新的纳米技术，做法有很多种，不过都还在研发阶段。例如，最近有人把制造疫苗的蛋白基因植入农作物，生产出来的农作物含有大量疫苗，吃下这些农作物就可以达到接种疫苗的效果。1998年，美国几所大学合作，让这一设想在人体实验阶段得到初步的证实；伊利诺伊大学在试验培育含有抵抗呼吸道病毒疫苗的小西红柿；法国则培育出含有麻疹疫苗的胡萝卜。将来我们也许可在超市选择含有不同疫苗的青菜或水果，甚至是含有不同疫苗的沙拉吧。

这种疫苗对畜牧业也非常方便，只要在饲料里添加有疫苗的食物就可以了，省钱又省事。还有一种做法是将含有疫苗蛋白基因的 DNA 直接注射入人体，称为 DNA 疫苗。在生物科技的引导下，各种新一代疫苗"百花齐放"的时代已经开始，但其免疫效应及副作用，尚待评估。

第 12 章

————

药物治疗的挑战与机会

最早的药物治疗正式记录，大概是晋朝葛洪对天花症状及处方的描述。近代抗病毒药物的发展相当晚，直到在体外用细胞培养病毒成功后，才能开始设计寻找抗病毒的药。寻找抗病毒的药物，最重要的是找出病毒可被攻击的靶（target），不外是从病毒在细胞内的复制，以及细胞间传播的步骤下手。以这种想法研发的抗病毒药物有几类：一、阻止病毒进入细胞；二、阻止病毒复制它的遗传物质，也就是核酸；三、阻止病毒的蛋白及核酸组成完整的病毒颗粒；四、阻止病毒从被感染的细胞跑出来。

这类药物中最多的是第二种，因为我们相当清楚核酸复制的过程，比较容易找到抑制这个过程的药物。而且，病毒感染细胞时会大量制造病毒核酸，使病毒核酸的复制过程，比细胞自己的核酸复制过程，对药物更加敏感。这类药物往往是结构类似核酸碱基（核酸复制的原料）的化合物，其中最有名的是用来对抗疱疹类病毒的药物阿昔洛韦（Acyclovir）。这种抗病毒药物是宝来威康（Burroughs Wellcome）药厂的化学家格特鲁德·B.埃利恩研发的。她还制造出抗艾滋病病毒的药 AZT，并因为这个药及其他药物的研究获得 1988 年的诺贝尔生理学或医学奖。

值得注意的是，埃利恩只有硕士学位，在诺贝尔科学奖得主中，没有博士或医学学位的人实在是少而又少。埃利恩没有拿到博士学位，主要是她成长的时代非常歧视女性。她从著名的纽约市立大学亨特学院（Hunter College）化学系以第一名的成绩毕业，美国居然没有研究生院愿意接受她入学，也没有化学公司愿意雇用她在实验室做研究。原因很简单：当时认为女性不适合做这些工作。她当过秘书、补习班老师，甚至到食品工厂打工。后来因为爆发第二次世界大战，大量男性被征召入伍，她才有机会在药厂找到工作。这样有才华的人，若能早一点发挥才能，说不定会有更多贡献。想想看，三百多年来的近代科学发展，如果能多让聪明、有能力的女性参与，很可能会有更多更好的发现。

利巴韦林这种抗病毒的药物，在2003年抗击SARS的战争中一举成名。这是1970年由加拿大ICN药厂制造出来的药，算是一种老药，用来治疗丙型肝炎及呼吸道合胞病毒引起的小儿气管炎及肺炎，但效果不太好，SARS使这种药重出江湖。疫情初期，香港用它治疗10位病人，有8位病情改善，多伦多也用利巴韦林加上其他药物来治疗，结果7位病人中有6位病情改善。但它真正的效果，恐怕需要更多临床结果才能评估。利巴韦林有相当大的副作用，例如贫血等，若要长期使用还需经过改良。

除了治疗SARS出名，最近也有很多人对利巴韦林产生兴趣。这几年，科学家发现利巴韦林最擅长对付突变速度非常快的RNA病毒。它的作用其实有点类似"特洛伊木马"，会"装扮"成病毒遗传物质的一部分，使已经变得很快的病毒遗传物质突变速度更快，制造出来的病毒遗传物质变得面目全非，无法继续增殖。这种特洛伊木马式的杀病毒法是全新的概念，很多人想发展这类的药对抗像艾滋病病毒那样的"千面人"病毒。

近代寻找药物的思考模式，已经从不知道药物作用机制的"试试看"，改善成理性推断的设计。在抗病毒药物的设计中，这种做法尤其重要。因为每一种病毒都有独特的致病和复制方式，需要详细了解每种病毒的特殊结构，以及病毒复制的分子过程，再设计药物。前述第一类药物的设计便是如此。当我们用物理化学的方法清楚了解病毒的三维空间结构，尤其是病毒用来与细胞表面的蛋白质结合的结构时，我们就可以借由计算机图像技术，设计出能和病毒表面蛋白结合，或嵌入病毒表面凹洞的化学分子。同样的，可以抑制病毒复制所需酶的药物，也是根据酶的三维空间分子结构来设计的。

药物研发

　　要研发抗病毒的药物，首先要了解病毒的复制过程，再针对其中的某一步骤进行设计，看我们是要抑制病毒和受体的作用、病毒解开放出核酸的步骤、病毒的复制，还是要抑制病毒的组合及散播。例如，第一个被研发出来的抗病毒药物阿昔洛韦就是抑制疱疹病毒的复制，齐多夫定（Zidovudine）这个药物也是抑制艾滋病病毒的复制过程，洛匹那韦（Lopinavir）及利托那韦（ritonavir）则是针对艾滋病病毒的蛋白酶的药物，吉列德药厂制造的瑞德西韦则属于 RNA 复制的抑制剂，对于 MERS 冠状病毒的作用很好，希望也能用来治疗新型冠状病毒的感染。但抗病毒的新药都非常昂贵，例如抗丙型肝炎病毒的新药索非布韦（Sofosbuvir）与维帕他韦（Velpatasvir），12 周疗程的价钱就超过 11 万美元。

接下来，我们介绍几种抗流感药物。

抗流感药物

要对付流感病毒，就要抑制它的两个武器：H 蛋白和 N 蛋白。H 蛋白是病毒侵入细胞及扰乱我们免疫系统的武器，抑制这个武器，病毒就无法启动致病的过程；N 蛋白让复制好的病毒能从细胞跑出来到处流窜，把这个武器消灭掉，病毒的感染就会停止。因此制药公司都以这两个蛋白质作为攻击标的，这种药还有一个特别的好处，就是比较不怕有抗药性的病毒。因为药物针对的是 H 蛋白和 N 蛋白这样最重要的地方，病毒如果要对付这些药，就必须利用突变来改变重要的地方，这么做虽然可以抵抗药物，却也会降低 H 蛋白和 N 蛋白的活性，使病毒的毒性大大打折。也有药物用病毒的 M2 蛋白作为标的，这个蛋白是一个离子通道，病毒要从细胞跑出来感染别的细胞，就需要这个蛋白。美国现在已有四种药物上市，以下简单介绍。

金刚烷胺（Symmetrel，学名 Amantadine）及金刚乙胺（Flumadine，学名 Rimantadine）是一类环形化合物，可以抑制甲型流感病毒的 M2 蛋白，对乙型流感病毒没有效果。金刚烷胺可以用在 1 岁以上的病人身上，但金刚乙胺只能用来治疗成年人，通常需要服用 5 天。这两种药也可以用来预防流感，大概有 70% 到 90% 的效果，但需服用 5 到 8 周，两种药都对神经系统有副作用，会造成失眠、神经紧张、精神不集中、恶心、食欲不振等，严重的会有抽搐现象，服用过量会造成死亡。

比较令人担心的是，病毒对这两种药的抗药性越来越强。在 1994 年到 1995 年出现的 H3N2 流感病毒，对这两种药的抗药性只有 0.4%，但到了 2003 年到 2004 年已经增加到 12.3%，其中 60% 有抗药性的病毒来自亚洲。病毒的适应能力相当惊人，因此医生在使用这类药物时也要特别注意这个问题。这两种药对 H5N1 的禽流感病毒无效，如果是这个病毒引起全球流感大流行，这两个药就无用武之地了。

扎那米韦（Relenza，学名 Zanamivir）是针对流感病毒从细胞释放的药物，是由澳大利亚国立大学的科学家研发出来的新一代抗流感病毒药物。他们用计算机分析各种流感病毒 N 蛋白的共有结构，再根据其三维空间结构，设计出可以抑制这种酶的药物。后来，该药物被授权由英国葛兰素史克（Galaxo Smith Kline）公司制造，在 2004 年 10 月经美国 FDA 批准上市（虽然 FDA 的顾问委员会因为新药对某些人有强烈的副作用而投票反对），可以用于 7 岁以上的病人，但一般建议用于 12 岁以上病人。扎那米韦是针对各种流感病毒的 N 蛋白而设计的，因此这种吸入式的粉药可以抑制所有流感病毒，事先服用可以有 80% 的预防效果，已有 19 个国家上市。

　　在禽流感的威胁下，葛兰素史克公司的股票节节上扬，刚开始时的确赚了不少钱。但这个药在临床试验时对一些人产生了强烈的副作用，甚至造成一些人死亡。扎那米韦是以吸入的方式把药粉直接送到呼吸道，使用起来非常不方便，通常要到诊所施药，而且药效也不是很好，在达菲（Tamiflu）出现后，这个难用又有副作用且非常昂贵的药便失去了市场。葛兰素史克现在已经几乎放弃扎那米韦了。到现在为止，还没有发现对扎那米韦有抗药性的病毒。

达菲是由加州的吉列德药厂制作出来的药，后来授权给罗氏（Roche）药厂生产贩卖。这是一种叫奥司他韦的化合物，它是结合计算机分子仿真技术和基因技术发展出来的新药。科学家先确定流感病毒的 N 蛋白和细胞表面的特殊糖基分子结合的三维空间关系，然后运用计算机技术以各种不同的化学分子取代糖基分子，最能像糖基分子一样牢牢和 N 蛋白结合的化学分子，就可能是可以抑制 N 蛋白的药物。

达菲的作用是抑制甲型及乙型流感病毒的 N 蛋白，使病毒无法在体内到处散播，以减轻病毒造成的伤害，最好是在开始有症状的 24 或 48 小时内服用。在可能被感染的情况下，也可以作为预防之用。但达菲是针对甲型及乙型流感病毒设计的，因此不能用来治疗其他病毒或病菌造成的类似症状，也不能用于 1 岁以下的婴儿，通常是用来治疗 13 岁以上的人。有些人服用达菲会有呕吐、晕眩、腹泻、胃痛、头痛甚至气管炎的副作用。2004 年，越南发生人被禽流感病毒感染，当时使用了达菲治疗其中 5 位病人，却发现没有疗效。尽管如此，在恐慌心理影响下，泰国、中国香港、新加坡、马来西亚和韩国还是花大钱囤积达菲，以备不时之需。这些国家和地区不选择吸入式的扎那米韦，主因是它对幼儿和重症病人不方便，而达菲服用相对方便。

但以罗氏药厂现在的生产速度，10年内也只能生产供应全世界20%人口的分量，根本无法应付全世界的大流感。罗氏药厂加快生产达菲，但仍无法应急。目前，因为抢购囤积，达菲已严重缺货，美国的存货只够1%的人口使用。在这种情况下，印度、泰国及阿根廷都宣布要自行制造达菲。

最近有人建议了一个应急的方法。第二次世界大战时，刚被发现的救命药青霉素也面临不够用的困境。当时有人想到用一种叫"丙磺舒"的化学物，阻止抗生素被排出体外，这样就可以延长药物在体内的作用时间。如果服用达菲时加上这个药物，只需要服用一半分量的达菲就够了，如此一来达菲的需求量就可以减半。虽然如此，若碰上大流感还是会不够用。

流感病毒的抗药性

虽然药厂已经有一些可以治疗流感的药物，但演化的法则告诉我们，狡猾的病毒一定会发展出对付这些药物的方法。我们在实验室里就发现，流感病毒会产生抗药性。就如刚才提到，美国 CDC 已经发现流感病毒对金刚烷胺和金刚乙胺这两种旧药有抗药性。2003 年，中国大陆发现 H3N2 病毒抗药性已达到 58%，2004 年更达到 74%。病毒真是厉害。

中国大陆的病毒有非常高的抗药性，可能是因为药品管制不严、遭到滥用，很多鸡农大量使用金刚烷胺来防止禽流感，造成连 H5N1 病毒都已经对药产生抗性。这很像现在的抗生素危机，许多人在未经医生指示下胡乱服用抗生素，而产生病原体的抗药性。[1] 卫生单位应该尽快实施管制办法，如果产生高抗药性的病毒，买再多的药物都是没有用的。

不但旧药如此，病毒对达菲这种新药也开始有抗药性，用达菲治疗后的大人或青少年病人中，有 1.3% 的病毒样本会有抗药性，而达菲治疗后的幼儿病毒样本中，有 8.6% 具有抗药性。令人吃惊的是，近期美国的科学家发现一位感染 H5N1 禽流感病毒生病的越南女孩，在经过达

1　相关研究参见《我国抗生素滥用现状、原因及对策探讨》（中国社会医学杂志，2013 年 4 月第 30 卷第 2 期）。——编者注

菲治疗康复后，体内即出现可以抵抗这个药物的禽流感病毒，想不到这个病毒在这么短的时间就发展出抵抗人类新药的能力。这个发现令医疗人员相当忧虑，如果这种抗药性病毒继续演化下去，便很难用药物治疗；若在大流行时药物无效、疫苗又不够用，后果将会非常严重。

未来的抗流感药物

现有的抗流感药物，对于人类的流感病毒已经渐渐失效，而且对于最需要帮助的高危人群帮助不大。禽流感的危机使得许多药厂和科学家都急着想寻找新的流感药物，但要找到新药谈何容易，一般的新药研发都要一二十年，实在是缓不济急。

病毒引起的伤害，其实是我们免疫系统失常而造成伤害。病毒只是点火的火柴，烧起来的是我们自己，因此要消除的不是那根火柴，而是后面引起的大火才对。找到能防止病毒造成免疫系统混乱和不平衡的药物，才是正确的方向。

最近，有人发现一个可能可以治疗流感的旧药。退休药厂主管大卫·菲得生（David Fedson）突然想到，流感病毒会引发病人产生大量的细胞因子，也被称为"细胞因子风暴"。在1918年西班牙流感和1997年香港流感疫情中，死亡的病人极可能都是因为这种细胞因子风暴引起的伤害，SARS的症状也符合这个想法。这些细胞因子会引起肺炎及心脏的伤害，是病人死亡的最重要原因。菲得生知道有一类叫他汀的药物（常见的例如降胆固醇的立普妥）可以降低细胞因子的量，依据这个推论，这类药物应该可以用来治疗流感。他汀类药物一般用于降胆固醇，很多人都有服用，如果前面的推论成立，服用此类药物的病人在流感盛行时，死亡率应该会比较低。于是，菲得生找到荷兰一家医学中心的流行病学专家，调出该医院的病历，结果果然发现有用过这个药的病人，在1996年到2003年之间的流感死亡率低了26%。

事实上，他汀类药物曾经被发现可降低肺炎病人的死亡率。在700个病人中有服用他汀类药物的病人，死亡率比没有服用的病人死亡率减少三分之二。另外一项2004年的研究也发现，服用他汀类药物的人比较少患细菌感染引起的败血症。如果这个药可以用来治疗流感，将是大好消息。因为这种药不但便宜，而且容易取得，不需经过繁复的人体试验，在碰到大流感时会有很大的帮助。但这类药物是否真的可以治疗因流感而患肺炎的病人，就要等待进一步的研究了。

从上面的叙述我们可以知道，人类并没有可以对抗流感病毒的特效药。我们可以对付复杂得多的细菌，为什么不能克服看起来很简单的病毒？这并不是科学家或药厂不努力，听起来可能有点矛盾，但正是因为病毒实在太过简单了。简单原始的病毒要复制，就需要大量使用我们正常细胞的各种分子机器，所以我们很难去用药抑制病毒的复制，因为这种药通常也会影响我们正常细胞的运作；现在的药物都是针对病毒的几个特殊表面武器来设计，做出来的药物种类当然受到限制。而且狡猾的病毒还会用基因突变的方式来改变表面蛋白的形状，让我们辛辛苦苦研发出来的药物失效。

但是，病毒要独占细胞的分子机器来大量复制，一定有对这些机器动手脚，我们现在应该研究的是细胞的分子机器到底有了什么改变，才会配合病毒的复制工作。如果可以找到这样的特点，我们就可以针对这个要害设计药物，来阻断病毒的复制。

第 13 章

如何侦测微小病毒

发生传染病时，疾病控制中心的首要任务是赶快找出病原体，以便制定预防和治疗方法。过去我们对各种疾病已有很多研究及经验，流行病学家和医生很快可以根据病征猜测病原体，并用可侦测出"嫌犯"的方法，证实自己的猜测。就像刑警寻找杀人犯，侦测病原体的方法必须有特异性，也就是不能认错嫌犯，因此侦测方法要能分辨很相似的病原体。另一个很重要的原则是灵敏度，因为活检样本中病原体的数量很少，检测的方法必须能从成分非常复杂的样本中侦测到嫌犯。

检测病毒的第一步是，先确定它属于哪一类病毒，知道是哪一类病毒后，再分析是这类病毒中的哪一种病毒。每一种病毒都有独特的蛋白和核酸，它们就像病毒的门锁，要有特定的钥匙才能对上特定的病毒。

以电子显微镜快速分辨

我们之前提到，每种病毒都有特别的形状和大小，因此鉴定病毒最快的办法是以电子显微镜直接观察，因为病毒颗粒太小，一般光学显微镜看不到。所谓百闻不如一见，亲眼看见还是最容易理解的。而且电子显微镜只需要少量样本，检测速度又快，尚未确定是哪一种病毒引起感染时，可当成初步快速检验的办法，作为进一步检验的参考。2003 年的 SARS 病毒就是先用这项技术被推断为冠状病毒的。

那么，如何用"电子"看到病毒？如图 3-1，我们可以把电子比喻为子弹，而病毒则是不同形状的物品。我们先将病毒裹上一层厚厚的金属，用电子枪打向有金属膜的病毒时，电子子弹无法射穿金属保护膜，病毒后面的墙壁（侦测电子的荧光板）不会有弹孔，四周的墙壁则会布满弹孔。没有弹孔处的影像，就是病毒形状的投影。病毒有些地方比较凹陷，那里的金属就比较厚，在投影的墙壁上相对就会有比较少的弹孔，从这些细微的弹孔分布，可以得出病毒的形状及结构。这些弹孔的分布非常微小，需要特殊的磁场镜头，放大到用肉眼或

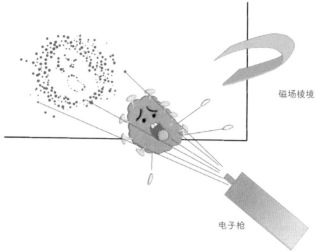

磁场棱境

电子枪

图 3-1 电子显微镜观察病毒的原理

照相机可看到的大小。有趣的是，发明这种特殊镜头而得到诺贝尔奖的鲁斯卡教授后来坦承，当时他误会了老师的意思，做错实验。老师要他研发电子镜头，他却去做磁场镜头，没想到反而成功了（电子镜头是不会成功的）。因此做错实验时，千万别气馁，说不定还有机会拿到诺贝尔奖呢。

　　不过，这种方法看到的病毒分辨率比较低，目前比较新的方法是不用金属膜，而以超冷技术配合计算机影像分析软件，解析出病毒的立体构造。图 3-2 的病毒影

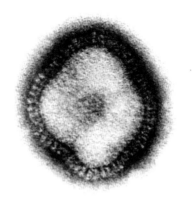

图 3-2　电子显微镜下的病毒

像就是用这种技术做出来的。光学显微镜没办法看到病毒的主要原因是，侦测病毒的光子子弹比病毒还要大，好比用枪去射一元硬币，是得不到上述弹孔投影影像的。

免疫法

　　大约知道是哪一类病毒后，接下来要确认猜测，并找出元凶。每一种病毒颗粒都有独特的蛋白质，要用能分辨不同病毒蛋白的抗体，找出引起疾病的病毒。用这种方法检测特定病毒，主要是因为抗体有很高的特异性，可辨别不同的病毒。当然，病毒种类很多，在进行这项检测前，必须先根据病征及病理报告做初步判断。免疫检测法有很多种不同的技术，常见的有荧光免疫和酶联免疫检测法，用能识别病毒的抗体（一抗）认出样本中的病毒，再用带有荧光或带有酶、可辨认一抗的抗体进行侦测。这个方法的好处是可以放大检测的信号，能检测到很微量的病毒，而且过程自动化，让大量检验快速又方便。

聚合酶链反应

　　聚合酶链（polymerase chain reaction，简称 PCR）是凯利·穆利斯（Kary B. Mullis）发明的研究核酸的方法，他因此获得 1993 年的诺贝尔化学奖。这个方法的原理很像病毒复制核酸（图 3-3），特点是可以快速大量地复制 DNA，DNA 是由两条互补的单链核酸形成的螺旋分子，如果把这两条单链核酸其中一条当作照相的正片，另一条当作负片，那么核酸的复制过程就像是需要同时大量复制底片及正片。如果开始只有一张正片（像冠状病毒的单链核酸），第一步是先拿第一份正片翻印成一张负片。有了正片及负片后，再各印出负片及正片，这两

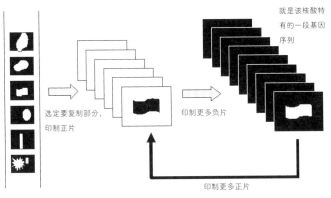

图 3-3 PCR 反应原理

份正负片又可同时复印成四份正负片，依此类推。如此一来，不用经过几次翻印，就可做出非常大量的正负片（DNA）。这种放大拷贝的技巧，很容易就可检测到非常微量的病毒核酸。但这个比喻并没有提到如何选择性地只放大某个正负片的数量，而不放大其他正负片。这一点很重要。

我们的目的是检测某种病毒的核酸，需要很高的特异性。如果继续用上述比喻，开始时不同类的正负片都要有特有的密码，这个方法的特异性就在于，我们已经知道这个密码（就是该核酸特有的一段碱基序列），每次复印时，只有这个密码的正负片会被复印。这种方法可以放大核酸的量到非常多倍，可用来检测很微量的样品，比较高级的机器还可以帮我们定量。PCR基本上是一种快速的复制过程，很像复印机，可以把原始、微量的核酸反复复制，达到很容易检测到的数量。但这个方法因为敏感度非常高，很容易得到假阳性。如果是RNA病毒，就需要用逆转录酶先将其中一段变成DNA，再用上述的方法反复放大，新型冠状病毒就是用这个方法检测的。

基因或蛋白芯片

以上所说的免疫法和PCR法，主要是针对已知的单一病毒的筛检。若要一次同时检测很多种可能的病毒，芯片技术就会比较方便。我们可以在微小的芯片上，将可检测各种病毒的核酸或抗体探针排成整齐的阵列，再用芯片和病人的样本做反应，芯片的某一个探针发出信号时，就可以得知样本中含有哪种病毒。当然，若要快速检测很多病人的样本，就必须仰赖自动化机器帮助。

第 14 章

———

化敌为友，让病毒成为救命帮手

近年来，生物科技的蓬勃发展众人皆知。生物科技的基础是分子生物学，分子生物学则起源于对会感染细菌的病毒的研究。这种病毒通称噬菌体，意思是会吃细菌的物质。噬菌体最早是在 1915 年分别由加拿大科学家费利克斯·德赫雷尔及英国科学家弗雷德里克·图尔特（Frederick Twort）偶然发现的。

德赫雷尔发现噬菌体的故事相当有趣。1910 年，他在墨西哥研究蝗灾。有一天，原住民跑来跟他说，有个地方有很多死掉的蝗虫。德赫雷尔仔细检查死掉的蝗虫发现，它们都死于细菌引起的腹泻。于是他想出在农作物上放细菌，使蝗虫在啃食农作物时感染、死亡的办法。他开始培养这种会杀蝗虫的细菌。他让细菌长在琼脂培养基时发现，有一些圆形、细菌不生长的地方。当时德赫雷尔并不知道这个现象代表什么意义。一直到1915年，他在法国巴斯德研究所研究引起痢疾的细菌时，看到了同样的现象。这次他花了时间想这个问题：细菌不长的地方，是不是有什么东西杀掉了它们？如果是，可以用来治疗痢疾吗？当时已有病毒的观念，因此他用可以过滤细菌的滤器，过滤病人的样本，再把滤液加到生长中的细菌溶液，果然发现细菌全被杀死，因此他将这种病毒命名为噬菌体。

从量子物理到生物的世界

　　当时对细菌的研究已经相当成熟，细菌的培养也很容易，有不少科学家想利用细菌研究，为什么由简单的蛋白和核酸组成的病毒，可以在生物体内大量繁殖并杀死宿主。当时，年轻的德国物理学家马克斯·德尔布吕克（1969年诺贝尔生理学或医学奖得主）受当时的物理大师尼尔斯·玻尔（1922年诺贝尔物理学奖得主）对生物的看法的影响，决定放弃量子物理，开始探讨生物的问题。

　　德尔布吕克走进生物世界的第一个研究对象就是噬

菌体，这是 1937 年他到加州理工学院时，一位研究员爱利士介绍给他的。这个刚从物理世界走出来的小伙子，很自然地秉持物理学家一贯的做法：用最简单的系统找出最漂亮的原理，这个最简单的生物正符合他的理念。德尔布吕克比其他生物学家更有优势的地方，就是他受过严谨的物理学训练，他把物理学的思考方式带进生物学研究领域，对当时生物学的研究产生了革命性的影响。1943 年，他和好友萨尔瓦多·卢里亚（1969 年诺贝尔生理学或医学奖得主）发表了一篇开创分子生物学的基础论文。1953 年发现 DNA 双螺旋结构后，噬菌体的研究更是一日千里，奠定了分子生物学的基础。

研究噬菌体的一个重要发现是，噬菌体有时候会偷取细菌的一个基因，变成自己的一部分，形成一个会大量表达这个基因的噬菌体。突然间，科学家发现他们可以利用这个方法，研究一些细菌基因的结构和调控。这个想法给了更有创意的人灵感：为什么我们不能"偷"来自不同生物的基因，放入像病毒这样可以大量复制的载体中，仔细研究这些基因的结构、性质与调控呢？

由于细胞的基因非常复杂，当时没有好的分子方法可以研究细胞内基因的结构，这个天真的想法适时解决了这个问题。而且，这个方法也因为可以大量生产特定、有应用价值的基因及它的产物（如胰岛素），并通过对"偷"来的基因的改造技术，增加产物的质和量，开启了生物科技的新纪元。当时开创这个技术的保罗·伯格也因此成为 1980 年诺贝尔化学奖得主。1973 年，这个想法开始在斯坦福大学生化所进行实验时，我刚好到伯格实验室做博士后研究员，亲身体验基因重组技术的开端，以及科学家面对打破自然法则的新技术时的激动与疑虑。

病毒的广泛应用

　　细胞是一个非常复杂的生物体，不但基因的组成非常大，基因相互间的调控更是极端复杂。因此，在基因组密码被破解及研究基因组的技术尚未发展时，细胞里的基因复制、转录和调控的研究进展很慢。这时期，我们对这些步骤的了解大多倚赖简单的病毒。主要原因是病毒的基因很简单，因此它在细胞里的繁殖需要倚赖与借用很多细胞的功能。

　　研究病毒的复制过程，间接告诉了我们细胞的运作机制。而且病毒会大量复制，可提供足够的研究材料，因此很多重要的细胞学发现都是借由病毒找出来的。例如，基因调控（Jacob, Lwoff and Monod，1965 年诺贝尔生理学或医学奖）、肿瘤病毒逆转录反应（Temin and Baltimore，1975 年诺贝尔生理学或医学奖）、致癌基因（Varmus and Bishop，1989 年诺贝尔生理学或医学奖）、分裂基因构造（Roberts and Sharp，1992 年诺贝尔生理学或医学奖）等比较出名的发现，还有其他如转录的调控、基因重组及交换、蛋白如何与 DNA 或 RNA 结合、蛋白在细胞内的转运，以及免疫细胞的功能等，都是靠病毒帮助发现的细胞研究里程碑。

基因货车

人类有些疾病是因为基因缺陷引起的。理论上，如果可以像换汽车零件一样，把有缺陷的基因换成正常的基因，这些疾病就都可以治好，但要怎样才能把正常的基因放到细胞里？科学家想利用病毒货车，把要送到细胞的基因放在病毒的 DNA 或 RNA 上，再用病毒感染的方式，把基因送进细胞。当然，我们要使用的是不会杀害细胞又能进入某一种细胞的病毒，这个病毒最好能有

效逃过免疫系统的攻击，并且把要做治疗的基因插入细胞的染色体。最近有人建议用改造后的艾滋病病毒做这种基因货车。用这么可怕的病毒做基因货车，主要是要利用艾滋病病毒的两个特殊本领：逃避身体的免疫系统，以及把基因插入细胞的染色体。目前，这种技术还处在积极研发的阶段。

病毒如何助人类解决难题

病毒能帮助我们控制害虫和霉菌问题。蝗虫等农作物害虫，是农民很头痛的问题。以前，消灭这些昆虫的办法是洒杀虫剂，但杀虫剂会造成农作物和环境的污染。现代人对环保愈来愈重视，杀虫剂的使用也愈来愈困难。因此很早就有人在想，为什么不用昆虫的病毒去杀死这些有害的昆虫呢？前面提到发现噬菌体的德赫雷尔，在1910年就想到了类似的点子。这样的好处是，病毒大多具有特异性，因此不会影响到其他的昆虫。目前这个方法已经在使用，但还不是很普遍。因为发展这种生物产品，必须做很多对环境、生态以及人产生影响的评估工作。加拿大政府就在研发这种病毒方法，希望能保护森林。

　　另外，病毒也可以用来控制霉菌引起的植物疾病。例如，栗树树干常会受到一种特定霉菌的伤害。1965年，科学家发现了一种不会伤害栗树的变种霉菌，而且这种霉菌含有一种病毒，可以让坏的霉菌改邪归正。这种方法对农业经济将有很大帮助。

　　病毒还可以被做成导弹进行自杀攻击。科学家发现，肿瘤细胞和正常细胞的基因表达模式不一样。有些病毒，例如会感染鸡的新城病毒（Newcastle virus）或呼肠孤病毒（Reovirus），或者经过改良的病毒，特别喜欢在人类肿瘤细胞里增殖。因此我们可以利用这些病毒杀死肿瘤细胞，而不影响正常细胞，这可以作为一种治疗癌症的方法。这种病毒导弹法最妙的地方是，病毒在细胞内增殖后，会继续感染并杀死邻近的细胞，把所有肿瘤细胞全部杀死。传统的手术、化疗或放疗等癌症治疗方法，难以把所有肿瘤细胞杀光，残余的肿瘤细胞经过一段时间后会再长出来，造成癌症复发。

　　另外一种方法是，让能在肿瘤细胞里增殖的病毒，将自杀基因带进细胞里，大量表达。这种自杀基因的产物可以用外加的药物"引爆"，让肿瘤细胞死亡。这些极具创意的做法，现在还有技术上的问题需要克服。

　　病毒也是电子工业和纳米科技发展的关键。纳米科技是近来科技的新兴领域。自1990年埃里克·德雷克斯勒（Eric Drexler）开始倡导以来，纳米科技已经成为世界各国科技发展的新宠。由于病毒本身就是非常精巧、可以自行组装的纳米机器，有些科学家就希望利用病毒制造新的纳米机件。例如，麻省理工学院的工程师想利用烟草花叶病毒（最早被发现的病毒），帮助制造不同大小、由金属原子排成的纳米线。这些纳米线在电子和光电工业的应用有很大的潜力。得克萨斯大学也正在研发一种利用病毒与纳米半导体颗粒结合，制造特殊的液晶、量子点（quantum dot）或其他光电材料的技术。病毒的自行组装原理，更是纳米科技必须学习的。

利用噬菌体对抗病菌

　　抗生素的滥用导致许多病菌可抵抗各种抗生素，这对于治疗细菌引起的疾病是很严重的问题。一旦抗生素无效，面对细菌引起的感染甚至更可怕的流行病，医生将束手无策。解决方法除了赶快找新的杀菌药物，还可

以重新启用抗生素发明以前的老方法：用细菌的大敌噬
菌体来杀细菌。换句话说，这是一种可以自我复制的抗
生素。

苏联就曾经大规模地搜集各种噬菌体，以治疗细菌
感染的疾病。如果运用分子生物学技术，找到能杀死重要
病菌的特异噬菌体并加以改良，对未来治疗传染病会有很
大的帮助。最近的动物实验已证明这个方法可行。波兰在
1981 年至 1986 年之间，进行了 500 多人的人体试验，发
现效果很好，成功率平均达 92%，而且没有什么副作用。
不过这个研究因为没有对照组的设计，只能作为参考。

然而，因为噬菌体不会跑到动物细胞里，这个方法
对于会隐藏在细胞内的病菌（如结核菌）无法产生效果。
因此，最近有人发明前面提到的"特洛伊木马"方法，
把噬菌体放在变种、不会致病的结核菌内，再用它感染
有结核病的病人。带有噬菌体的良性结核菌进入有恶性
结核菌的细胞时，就会放出噬菌体，杀死产生结核病的
病菌。结核菌很难杀死，因此，寻找可杀死这种病菌的
噬菌体是相当重要的工作。最近匹兹堡大学的一位教授
把这个计划交给几个高中生，结果他们居然在泥土中找
到 14 种可以杀死结核菌的噬菌体。看来不起眼的泥土

里，还有很多宝藏等着我们去挖掘。

噬菌体治疗的好处是，噬菌体会自我繁殖，直到杀掉目标为止，而且可能会从一个病人传到另一个病人，形成加倍的疗效。噬菌体另一个比抗生素好的地方，是能够杀死在组织表面形成薄膜的细菌。因为物理化学的因素，这种形成生物膜（Biofilm）的细菌非常不容易用药物杀死，在做人工关节等治疗时，这都是棘手的问题。但噬菌体却可穿透生物膜杀死病菌。其实，生物膜也是令工业界头痛的问题。因为生物膜经常长在工厂管道，像小电池一般进行电子交换，腐蚀管道，造成意外或损失。

当然，有人对这种治疗方法也有疑虑。毕竟人体里有很多与人类共生、互助的细菌，用来治疗的噬菌体，是否也会伤害到人类的细菌伙伴？其实这样说起来，没有选择性的抗生素更糟糕，噬菌体至少只会杀死特定细菌。为了减少这方面的顾虑，洛克菲勒大学研究团队将噬菌体能杀死特定细菌的蛋白纯化出来，以基因技术大量制造，只需非常少量就可以杀死特定病菌（一亿分之一克的蛋白，可以杀死一千万会使人得病的链球菌）。最重要的是这种蛋白特异性很高，只会杀死特定的病菌，而且在水中非常稳定，可以做成鼻腔喷雾剂。

不过，前面一直提到的"道高一尺，魔高一丈"生物原则，在这里也依然适用。演化法则告诉我们，使用噬菌体治疗后，一定会有噬菌体杀不了的病菌出现。到那时，人类又得另想办法对付找麻烦的病菌了。

噬菌体与生物科技

噬菌体在食品工业也扮演重要角色。我们吃的食物，有时会受到能产生毒素的细菌的污染，最常听到是沙门氏菌以及不久前在日本和美国发生食物中毒事件的O157大肠杆菌。这些病菌的污染是食品工业很头痛的问题，其中一种解决的方法是用能杀死这些病菌的噬菌体除掉污染。美国农业部就在积极研发这项生物科技，希望能用喷洒噬菌体的方式，去除蔬菜、水果、肉类中常见的病菌。另一个方法就是用噬菌体检测食物是否有受病菌污染。噬菌体用来溶化细菌的基因，则可用来控制发酵细菌溶化的时间，以增加和调节奶酪的香味。不过，自然界的噬菌体也会攻击食品工业发酵常用的细菌（例如乳制品工业用的乳酸菌），因此如何阻止工业用细菌被噬菌体杀死，也是食品工业的重要课题。

病毒也能帮助我们制备大量的基因产物，这是生物科技的一个主要目标。其中一种方法是利用昆虫的病毒为载体，把要表达的基因送到昆虫体内大量生产。这个方法有两个好处：一、昆虫很容易大量繁殖；二、昆虫病毒繁殖效率也很高，可以得到大量的基因产物。最近，中国大陆就用蚕大量制备基因产物。

噬菌体也能让我们以人工的方式做出改良的生物技术产品。生物科技的一个主要目标是利用生物的生化反应，做出最好的改良产品。这个目的其实和生物演化很像，因此有人建议用简单的噬菌体来做人工的演化。噬菌体的好处是：一、基因结构简单，很容易就能把产品的基因插入它的基因组，与噬菌体的衣壳蛋白基因融合；二、插入的产品可以连在病毒颗粒表面的蛋白上，好让我们筛选；三、筛选出来后可以低成本大量复制；四、筛选的噬菌体可以通过人工诱变，制造更好的产品。这种方法的应用非常广泛，甚至可以让我们制造出人工的激素或人工抗体。

可怕的生物战武器

病毒的应用就像两面刃，可以对人类有利，也可以用来作为杀害人类的武器。自从人类了解病毒可致病后，就有人试图将病毒发展成生物武器。最有名的例子是1754年至1763年北美英法战争中，英军统帅杰弗里·阿默斯特（Jeffrey Amherst）批准使用被天花痘疮污染的毡子和手帕，感染与法国同一阵线的印第安人，钟琴堡（Fort Carillon）因而沦陷。据说，1518年西班牙人也用类似方法在墨西哥造成大瘟疫。美国独立战争时，英军威胁要用天花对付美军；美国独立后也用同样的手段逼印第安人就范。

近代最恶名昭彰的例子，是日本人在中国东北进行包括天花及黄热病的生物战实验。美苏等国家也都曾发展生物武器，苏联甚至想用非常可怕的马尔堡病毒当作武器，不过这个计划在20世纪90年代就停止了。1975年的国际公约已禁止发展生物武器。"九一一"事件后，美国很担心恐怖分子利用生物武器发动攻击。为了预防，美国也已经开始准备紧急应变的办法，甚至开始在军中注射天花疫苗。

　　总之，病毒这个极微小而可复制的精巧分子机器，经过人类驯服后，已成为发展新科技的重要伙伴。因病毒而发展出来的基因技术，让我们可以任意改变它的结构和功能，让它替人类做事。至于要如何利用这个小小的、多才多艺、本事极高的"孙悟空"，来做哪些新科技和新事业，就要看哪位"三藏大师"能想出好点子了。当然，孙悟空有时调皮捣蛋，令人头痛不已，这就要用紧箍咒来控制它的行为，千万不能疏忽。否则病毒不只无法替人类做事，还会造成灾难，这是从事生物科技者要特别注意之处。

本书中无图号的插图由兽心蘑菇绘制，
其他插图为作者供图、兽心蘑菇调图。